EPLAN 实战设计
（微视频版）

沐江电气软件　组编

慕慧杰　王　冰　编著

机　械　工　业　出　版　社

本书是在《EPLAN 实战设计》的基础上，使用 EPLAN 2022 版进行了重新编制。由于软件的操作用文字表述不够直观，因此在书中以扫码看视频的形式对于一些主要的操作进行了演示，并且提供了书中所用到的相关数据库和项目文件，以供读者演练和学习。

本书主要使用几个实际设计项目，将 EPLAN 的每个相关技术融于项目设计过程中，每个章节都有明确的重点内容，比如第 3 章主要讨论的是针对基础数据的建立和电线电缆的设计方法；第 4 章是针对黑盒端子以及面向对象的设计思路；第 5 章主要体现的是 PLC 和安装板的设计思路和方法；第 6 章介绍主数据的定制；第 7 章主要针对的是项目中的项目结构设计，大型项目的结构是项目的核心；本书最后根据以往出现的各种问题进行提醒和引导，避免读者在学习过程中走弯路。全书从实践中来，再延展到实践中去，充分展示了 EPLAN 工具的优势和设计技巧。

本书结合沐江电气软件公司多年来进行 EPLAN 培训指导的经验，按照读者的认知习惯编写，适合企业工程设计人员、大专院校和职业技术院校相关专业的师生使用。

图书在版编目（CIP）数据

EPLAN 实战设计：微视频版/沐江电气软件组编；慕慧杰，王冰编著. —北京：机械工业出版社，2022.8
ISBN 978-7-111-71178-0

Ⅰ.①E… Ⅱ.①沐… ②慕… ③王… Ⅲ.①电气设备–计算机辅助设计–应用软件 Ⅳ.①TM02-39

中国版本图书馆 CIP 数据核字（2022）第 118942 号

机械工业出版社（北京市百万庄大街 22 号　邮政编码 100037）
策划编辑：汤　枫　　责任编辑：汤　枫　尚　晨
责任校对：张艳霞　　责任印制：张　博
北京雁林吉兆印刷有限公司印刷

2022 年 8 月第 1 版・第 1 次印刷
184mm×260mm・22.75 印张・565 千字
标准书号：ISBN 978-7-111-71178-0
定价：99.00 元

电话服务　　　　　　　　　　网络服务
客服电话：010-88361066　　　机　工　官　网：www.cmpbook.com
　　　　　010-88379833　　　机　工　官　博：weibo.com/cmp1952
　　　　　010-68326294　　　金　　书　　网：www.golden-book.com
封底无防伪标均为盗版　　机工教育服务网：www.cmpedu.com

前　　言

从结绳记事到信息大爆炸，数据已成为国家、企业及个人的核心生产资料。工业 4.0 及智能制造等都需要在大数据平台下完成各种智能化生产。针对目前电气及自动化行业，如何帮助企业把设计到生产的各种数据统一管理，完成企业大数据的分析是近年来制造业产业升级的核心内容。

EPLAN 作为一款专业的电气设计软件，其强大的设计功能及标准化数据库，多年来已被人们所认可。本书以 EPLAN Electric P8 2022 为基础，系统地介绍软件的基础功能，并结合实际的项目案例介绍软件在项目实战过程中的功能应用。全书由 8 章组成，分为 3 部分，分别是软件功能介绍、实战设计案例及电气设计标准化介绍。前两章主要介绍软件的基础，包括菜单功能的使用及各种功能的介绍；第 3 章通过车床设计项目，主要介绍面向图形的常规设计及符号的新建；第 4 章通过小车送料电控项目，主要介绍面向对象设计及端子排的设计；第 5 章通过打包机项目，主要介绍 PLC 的各种设计方式及黑盒的应用；第 6 章通过消防风机项目，主要介绍线束在设计中的应用；第 7 章通过大型锻压机项目，主要介绍项目结构的划分及部件库的管理；第 8 章为电气设计标准化的介绍。

本书介绍的 EPLAN 版本是 2022 版本，在该版本中，界面发生了非常大的变化，包括一些设置菜单的位置都发生了较大的变化，风格更加趋近于微软的 Office 风格，菜单扁平化，并且在界面的右边增加了符号库选项卡，使得设计工作更加快捷。另外，本书中嵌入了二维码资源，通过扫描二维码即可观看操作视频讲解、示范和动画演示，使读者学起来直观明了、易学易用。本书还提供了相关图纸文件及项目文件，方便读者进行尝试和练习，获取方式见封底。

本书以让读者学有所依、学有所用为宗旨，采用行业的典型项目"以例带点"的方式进行软件各个功能的介绍。通过实际的项目设计将各个功能点进行串联讲解，完成实战项目的设计及软件功能的掌握。在学习过程中，需要注意的是，本书对于电气项目设计完全零基础的初学者是有一定难度的，但是对于有实际项目设计经验的工程师来说，在软件方面的零基础也许是一件好事；对于软件零基础的读者，只要按照本书的实践项目一步一步地进行设计，逐步提高，就可以很快掌握这个工具的。如果是对于 EPLAN 软件有所了解或者已经自学了一段时间的工程师来说，可将本书作为一本软件设计手册，根据自己遇到的实际问题进行查阅。

本书由沐江电气的慕慧杰、王冰共同编著，在此感谢为本书提供帮助的 EPLAN 公司的曹大平、刘琼、王慧乐、王金等老师！

由于编者水平有限，书中难免存在疏漏之处，敬请广大读者提出宝贵意见，以便后期再版时改进。希望本书对读者的实际工作有所帮助。

编　者

目　录

前言

第1部分　软件功能介绍

第1章　初识 EPLAN ···················· *1*
1.1　系统要求 ······················· *1*
1.1.1　硬件要求 ·················· *1*
1.1.2　软件要求 ·················· *1*
1.2　安装 EPLAN Electric P8 ··· *2*
1.2.1　EPLAN 的软件介绍及产品线介绍 ··· *2*
1.2.2　EPLAN 软件的安装问题及
解决方法 ·················· *5*
1.3　目录结构及存储位置 ····· *9*
1.3.1　EPLAN 软件结构 ······· *9*
1.3.2　软件各部分存储位置 ··· *9*
1.3.3　存储的调整 ··············· *11*
1.3.4　网络数据共享平台搭建······ *11*
1.4　数据结构····················· *12*
1.4.1　EPLAN 主数据 ··········· *12*
1.4.2　EPLAN 项目数据 ········· *15*
1.4.3　EPLAN 主数据与项目数据 ··· *16*
1.4.4　同步主数据 ··············· *16*
1.5　设计环境设置 ·············· *18*
1.5.1　设计中项目数据和主数据的
存储位置 ·················· *18*
1.5.2　设计中所需部件库 ······· *18*
1.5.3　设计中智能选型所需部件库 ··· *19*
1.5.4　设计中所需翻译库 ······· *19*
1.6　本章小结 ···················· *21*
第2章　EPLAN 设计前准备············ *22*
2.1　区分概念 ···················· *22*
2.1.1　模板 ······················· *22*
2.1.2　模板的作用 ··············· *23*

2.1.3　模板中的信息 ············· *23*
2.2　栅格的作用 ················· *27*
2.2.1　栅格的种类 ··············· *27*
2.2.2　使用栅格的情况 ·········· *28*
2.2.3　栅格使用中的注意事项 ··· *29*
2.3　名词解释 ···················· *30*
2.3.1　各种定义 ·················· *30*
2.3.2　菜单上的名词含义 ······· *35*
2.4　图形和图纸 ················· *39*
2.4.1　图形及其工具 ············· *39*
2.4.2　图纸上的信息 ············· *41*
2.5　文本 ·························· *42*
2.5.1　项目属性 ·················· *43*
2.5.2　页属性 ···················· *47*
2.6　导航器 ······················· *49*
2.7　基础数据 ···················· *52*
2.8　占位符 ······················· *54*
2.8.1　占位符文本 ··············· *54*
2.8.2　占位符对象 ··············· *55*
2.9　本章小结 ···················· *58*

第2部分　实战设计案例

第3章　某型号车床电路设计 ········· *59*
3.1　项目新建 ···················· *59*
3.1.1　模板选用 ·················· *59*
3.1.2　模板的保存 ··············· *59*
3.2　原理图绘制 ················· *61*
3.2.1　图形编辑器 ··············· *61*
3.2.2　符号的新建与插入 ······· *62*
3.3　元件属性 ···················· *70*
3.3.1　"线圈"选项卡 ··········· *70*
3.3.2　"显示"选项卡 ··········· *70*

3.3.3 "符号数据/功能数据"选项卡 ······ 73
3.3.4 "部件"选项卡 ············· 73
3.3.5 其他选项卡 ·············· 74
3.4 关联参考 ················· 75
3.4.1 中断点的关联参考 ········ 75
3.4.2 设备的关联参考 ·········· 77
3.4.3 成对关联参考 ············ 79
3.4.4 关联参考/触点映像的显示 ·· 80
3.5 电线电缆 ················· 81
3.5.1 电线定义 ··············· 81
3.5.2 电缆定义 ··············· 82
3.5.3 线缆选型 ··············· 83
3.5.4 电线电缆处理 ··········· 85
3.5.5 电线电缆编辑 ··········· 88
3.5.6 电线电缆编号 ··········· 89
3.6 生成报表 ················· 96
3.6.1 报表类型 ··············· 96
3.6.2 报表设置 ··············· 97
3.6.3 报表生成 ··············· 98
3.6.4 手动报表 ··············· 98
3.6.5 根据模板生成 ··········· 100
3.6.6 导出 Excel 格式 ········· 101
3.7 本章小结 ················ 104
第4章 小车送料电气控制系统 ········· 105
4.1 项目属性和新建 ············ 105
4.1.1 项目模板 ·············· 105
4.1.2 项目属性 ·············· 106
4.1.3 项目结构 ·············· 109
4.1.4 项目层级定义 ·········· 110
4.1.5 结构标识符管理 ········ 111
4.2 原理图绘制 ·············· 112
4.2.1 文本 ················· 112
4.2.2 黑盒 ················· 115
4.2.3 结构盒 ··············· 118
4.2.4 连接颜色修改 ·········· 119
4.2.5 智能连接 ·············· 121
4.2.6 连接与连接定义点的区别 ·· 122
4.3 端子及端子排设计 ········· 123
4.3.1 端子创建和放置 ········ 124
4.3.2 分散式端子 ············ 130

4.3.3 端子跳线 ·············· 133
4.3.4 端子编辑 ·············· 133
4.4 面向对象的设计 ··········· 139
4.4.1 设备导航器 ············ 139
4.4.2 设备 ················· 140
4.4.3 设备选型 ·············· 143
4.5 生成报表 ················ 144
4.5.1 报表生成 ·············· 145
4.5.2 设置 ················· 145
4.5.3 手动报表 ·············· 147
4.5.4 嵌入式报表生成 ········ 150
4.5.5 报表更新 ·············· 151
4.6 本章小结 ················ 152
第5章 打包机电气控制系统设计 ······· 153
5.1 项目新建 ················ 153
5.2 原理图绘制 ·············· 155
5.2.1 页的创建 ·············· 155
5.2.2 页的类型 ·············· 156
5.2.3 页导航器 ·············· 157
5.2.4 页的操作 ·············· 158
5.3 PLC 设计 ················ 161
5.3.1 PLC 的创建和放置 ······ 161
5.3.2 PLC 编址 ············· 173
5.3.3 数据导入/导出 ········· 176
5.4 端子 ··················· 178
5.4.1 端子排导航器定义 ······ 178
5.4.2 生成端子排定义 ········ 179
5.4.3 图形编辑器定义 ········ 179
5.4.4 备用端子应用 ·········· 182
5.5 黑盒 ··················· 183
5.6 安装板设计 ·············· 187
5.6.1 安装板放置 ············ 188
5.6.2 安装板定位及标注 ······ 188
5.6.3 部件的放置 ············ 189
5.6.4 更新部件和组件 ········ 192
5.7 生成报表 ················ 192
5.7.1 设置 ················· 193
5.7.2 模板报表生成 ·········· 193
5.7.3 生成箱柜设备清单 ······ 195
5.7.4 报表更新 ·············· 196

5.8　本章小结 ………………… 197

第6章　某消防风机设计系统 ……… 198

6.1　项目新建 ………………… 198

6.2　主数据定制 ……………… 199

6.2.1　图框定制 …………… 199

6.2.2　标题页定制 ………… 212

6.2.3　部件汇总表定制 …… 218

6.2.4　连接列表定制 ……… 227

6.2.5　设备接线图定制 …… 232

6.3　面向材料表设计 ………… 241

6.4　翻译模块 ………………… 247

6.4.1　翻译设定 …………… 247

6.4.2　语言字典 …………… 249

6.4.3　项目翻译 …………… 251

6.5　项目变更 ………………… 252

6.5.1　修订控制管理 ……… 252

6.5.2　修订创建和比较 …… 258

6.6　项目模板保存 …………… 263

6.7　本章小结 ………………… 264

第7章　某大型锻压系统设计 ……… 266

7.1　项目规划 ………………… 266

7.1.1　项目组成与分割 …… 267

7.1.2　项目标准定义 ……… 268

7.1.3　项目标准建立 ……… 269

7.2　面向图形设计 …………… 273

7.2.1　符号导航器 ………… 274

7.2.2　黑盒 ………………… 276

7.2.3　结构盒 ……………… 282

7.2.4　连接颜色修改 ……… 284

7.2.5　批量选型 …………… 285

7.3　部件管理 ………………… 288

7.3.1　部件管理及设置 …… 288

7.3.2　部件创建 …………… 292

7.3.3　部件结构配置 ……… 301

7.4　宏和宏的应用 …………… 304

7.4.1　宏的概念 …………… 304

7.4.2　宏的创建 …………… 304

7.4.3　宏变量和宏值集 …… 308

7.4.4　宏的管理及标准化 … 317

7.5　生成报表 ………………… 321

7.6　项目导入/导出 ………… 322

7.6.1　项目备份/恢复 …… 322

7.6.2　项目导入/导出 …… 324

7.6.3　DXF/DWG文件导入/导出 … 326

7.6.4　PDF文件导出 ……… 329

7.6.5　项目打印 …………… 330

7.7　本章小结 ………………… 331

第3部分　电气设计标准化介绍

第8章　电气设计标准化 …………… 332

8.1　标准化的规划与实施 …… 332

8.2　标准化实施计划实例 …… 333

8.3　基础数据标准的构建 …… 334

8.4　标准化体系建立 ………… 346

8.5　标准化实施后的交付物 … 356

8.6　本章小结 ………………… 357

参考文献 …………………………… 358

第1部分 软件功能介绍

第1章 初识 EPLAN

本章主要介绍 EPLAN 的安装和基本结构，对 EPLAN 中的主数据和项目数据、软件中所用到的数据文件存储的位置等进行一些解释，使读者在初次接触这个软件时建立起一个粗略的概况，明确一些数据的特点和区别，为今后的学习打下一定的基础。

1.1 系统要求

1.1.1 硬件要求

在计算机中安装 EPLAN 的硬件要求如下。

处理器：Intel Pentium D 及兼容，主频 3 GHz 以上或 Intel Core 2 Duo 及兼容，主频 2.4 GHz 以上等多核 CPU。

硬盘容量：500 GB。

显卡：4 GB 显存，3D 显示需要 ATI（冶天）或 Nvidia Quadro 600（英伟达）图形显示卡，具有最新的 OpenGL 驱动程序。

显示器：单显或双显示器 21 英寸以上。

图形分辨率：分辨率为 1680×1050 像素的 16:10 图像系统。

建议使用 Microsoft Windows 网络，服务器的网络传输速率为 1 Gbit/s，客户端计算机的网络传输速率为 100 Mbit/s，建议等待时间小于 1 ms。

1.1.2 软件要求

EPALN 平台现仅支持 64 位版本的 Microsoft 操作系统 Windows 7、Windows 8/8.1、Windows 10，所安装的 EPLAN 语言必须受操作系统支持。

EPLAN 平台可支持的操作系统如下。

工作站：

➢ Microsoft Windows 7 SP1（64 位）Professional、Enterprise、Ultimate 版；

➢ Microsoft Windows 8（64 位）Pro、Enterprise 版；

➢ Microsoft Windows 8.1（64 位）Pro、Enterprise 版；

➢ Microsoft Windows 10（64 位）Pro、Enterprise 版。

服务器：

➢ Microsoft Windows Server 2008 R2（64 位）；

➢ Microsoft Windows Server 2012（64 位）；

➢ Microsoft Windows Server 2012 R2（64 位）；

➢ 配备 Citrix XenApp 7.6 和 Citrix Desktop 7.6 的终端服务器。

软件版本：

EPLAN 部件、项目管理和词典的数据库选择，在 EPLAN 2.4 版本后，必须使用 64 位 Office 版本（本书使用的版本为 EPLAN Electric P8 2022），需安装 Microsoft Office 2010（64 位）或 Microsoft Office 2013（64 位）及 Microsoft. net Framework 4. 5. 2 和 Microsoft Core XML Services（MSXML6）6. 0。

1.2 安装 EPLAN Electric P8

1.2.1 EPLAN 的软件介绍及产品线介绍

EPLAN Electric P8（见图 1-1）是德国 EPLAN 公司开发的一款成熟稳定的电气自动化设计和管理软件，是电气领域的计算机辅助工程（CAE）工具，具有功能强大、操作灵活的特点。EPLAN 软件包含四种标准模板、符号库、图框及表格数据，能够帮助工程师快速完成电气原理图的标准化设计。软件的自动检查功能，可以帮助工程师在设计过程中检查人为错误及电气逻辑错误。软件有自动生成各类工程报表功能，能帮助工程师减少复杂及烦琐的工程数据统计工作。

图 1-1　EPLAN Electric P8 主界面

EPLAN Electric P8 不再是一个简单的绘图工具，而是一款注重设计及项目管理，以数据为核心的专业电气工程软件。其规范标准的项目结构，能够帮助工程师合理地进行项目管理，快速查找设备及方便图纸阅读（见图 1-2）。软件的宏变量功能能够帮助工程师减少重复、低效的手动绘图工作，实现项目模块化设计。

软件从设计层面上支持面向图形、对象、安装板、部件列表四种工程设计方法，这样可以做到随时从不同的流程入手设计项目。

图 1-2　项目结构

面向图形的设计：即传统的电气设计，从原理图入手设计，调用符号设计原理图，并在此基础上进行元器件的选型，生成工程项目所需的各种表单（见图 1-3）。

图 1-3　面向图形的设计

面向对象的设计：在导航器中预定义项目数据（设备数据），根据项目需要通过"拖拉式"放在原理图中（见图 1-4）。

面向安装板的设计：在原理图未开始设计时，先设计好安装板，供生产车间安装使用，然后再开始项目设计（见图 1-5）。

图 1-4　面向对象的设计

图 1-5　面向安装板的设计

面向部件的设计：根据供应商或库存的情况的元器件清单，进行项目设计（见图 1-6）。

EPLAN 软件平台产品是以 EPLAN Electric P8 为基础平台，实现跨专业一体化设计的工程软件，平台软件还包括 EPLAN Fluid、EPLAN Preplanning、EPLAN Pro Panel、EPLAN Harness proD 等工程设计软件。

EPLAN Fluid 是面向液压、气动、冷却和润滑系统设计的软件。EPLAN Fluid 可单独使用，也可作为 EPLAN Electric P8 的附加功能模块，实现两个产品的无缝结合，使液压动力系统中

图 1-6 面向部件的设计

的电路设计与 EPLAN Electric P8 设计中对应的电气元件实现交互参考。

EPLAN Preplanning 是用来取代 EPLAN PPE 完成一体化平台，应用于仪表及过程控制的设计及管理软件。从符合工艺要求的 P&ID 的图纸绘制到根据具体情况的仪表选择及仪表回路图、规格书和安装图的生成，实现了一个完整的自动化仪表过程检测和控制系统。

EPLAN Pro Panel 是基于 EPLAN 平台上的一款用于机柜布局及自动布线的三维机械仿真软件。在 Pro Panel 平台下，设计者可快速调用已有的三维机柜模型，定义安装面，添加线槽、导轨，对元器件进行三维空间布局。根据实际生产的需要，生成用于生产的 NC（数控机床钻孔数据）。基于原理图中的设计逻辑，自动进行三维布线设计，生成便于工艺生产的电线信息。

EPLAN Harness proD 是面向工艺生产的线束设计模块，将三维线束工程系统与 EPLAN 平台的中央部件管理相结合，旨在为线束设计提供友好的三维系统。其优势在于从 EPLAN Platform 导入配线清单，可自动完成电缆布线和生成文档及导出 2D 钉板图。

1.2.2 EPLAN 软件的安装问题及解决方法

EPLAN Electric P8 是基于 Windows 平台的应用程序，安装步骤如下：

1）单击程序安装包中的 Setup. exe 文件，进行软件安装，如图 1-7 所示。

SYS (C:) › Program Files › EPLAN › Setup Manager › 2022.0.3 › Bin		
名称 ^	修改日期	类型
cs-CZ	2021/11/26 22:25	文件夹
da-DK	2021/11/26 22:25	文件夹
de-DE	2021/11/26 22:25	文件夹
en-US	2021/11/26 22:25	文件夹
es-ES	2021/11/26 22:25	文件夹
fr-FR	2021/11/26 22:25	文件夹
hu-HU	2021/11/26 22:25	文件夹
it-IT	2021/11/26 22:25	文件夹
ja-JP	2021/11/26 22:25	文件夹
ko-KR	2021/11/26 22:25	文件夹
nl-NL	2021/11/26 22:25	文件夹
Pictures	2021/11/26 22:25	文件夹
pl-PL	2021/11/26 22:25	文件夹
pt-BR	2021/11/26 22:25	文件夹
pt-PT	2021/11/26 22:25	文件夹
ro-RO	2021/11/26 22:25	文件夹
ru-RU	2021/11/26 22:25	文件夹
sv-SE	2021/11/26 22:25	文件夹
tr-TR	2021/11/26 22:25	文件夹
zh-CN	2021/11/26 22:25	文件夹
zh-TW	2021/11/26 22:25	文件夹
Setup.exe	2021/9/11 8:15	应用程序

图 1-7　EPLAN 安装 Setup. exe 程序

2）进入程序对话框，软件默认可用程序为 Electric P8（X64），这主要取决于安装包的产品类型及安装位数。如果当前安装包只是一个电气 64 位安装包，则软件默认只安装 64 位电气产品。

在程序安装界面提示：在安装 EPLAN Electric P8 前必须安装 64 位版本的 Microsoft Office 软件。EPLAN 中的部件数据库、翻译库及项目管理数据库都有与 SQL 有关的数据库文件，Microsoft Office 程序中则应包含 SQL 有关的数据文件，否则软件安装完成后会有报错提示，如图 1-8 所示。

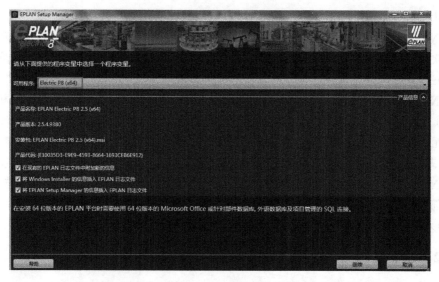

图 1-8　EPLAN 安装产品选择

3）单击"继续"按钮，进入接受许可条款界面。勾选"我接受该许可证协议中的条款"，如图 1-9 所示。

图 1-9　接受安装许可条款

4）单击"继续"按钮，选择软件安装路径、程序主数据及相关设置目录路径，如图 1-10 所示。

图 1-10　安装数据库路径设置

软件安装路径及目录内容如下。

程序目录：EPLAN 主程序的安装目录及核心运行程序。

EPLAN 原始主数据：EPLAN 初始的符号库、图框、表格、字典和部件等数据库的存储目录。

系统主数据：用户所需的主数据，主要是用户项目中所需的符号、图框、表格、字典及部件等主数据，区别于 EPLAN 原始主数据。

公司标识：用户可自定义公司名称及缩写。

用户设置：用户自定义设置的存储目录。

工作站设置：工作站相关设置的存储目录。

公司设置：公司相关设置的存储目录。

测量单位："mm"和"英寸"。系统默认选择"mm"，软件自动安装 IEC 标准库及文件；当选择"英寸"时，软件自动安装 JIC 标准库及文件。

帮助系统："在线"和"本地"。软件的帮助文件可通过在线和本地两种方式打开，系统默认为在线帮助。

安装提示：

- 软件程序安装建议安装在默认路径 C 盘下。
- 系统主数据涉及用户的项目数据及自定义的符号库、图框、表格等主数据，建议修改其默认的 C 盘系统路径，将其安装在除系统盘外的其他盘符下，防止重做系统所带来的项目数据及主数据的丢失。

5）单击"继续"按钮，进入自定义安装及主数据和语言选择界面，如图 1-11 所示。

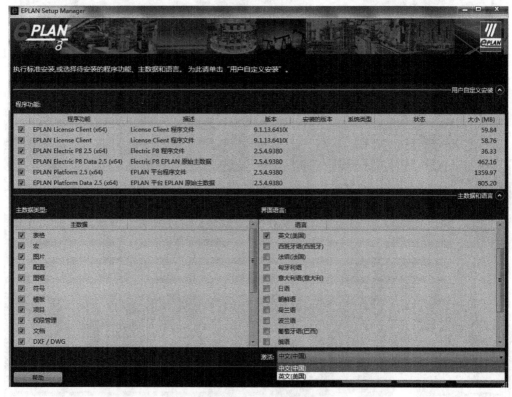

图 1-11 用户自定义数据选择

单击"用户自定义安装"下拉按钮，在"程序功能"选项组内勾选 EPLAN 安装程序文件。在"主数据类型"选项组内，勾选用户所需安装的主数据，例如，"表格""宏""符号"等选项。在"界面语言"选项组内，勾选要安装的语言类型。只有在此处勾选了相应的语言类型，安装完成后才能对相应语言界面的显示进行切换。

6）单击"安装"按钮，进入软件安装进程，如图 1-12 所示。

安装提示：在安装进程中务必关闭杀毒软件，杀毒软件会隔离安装程序中的相应安装文件，导致安装程序不完整。

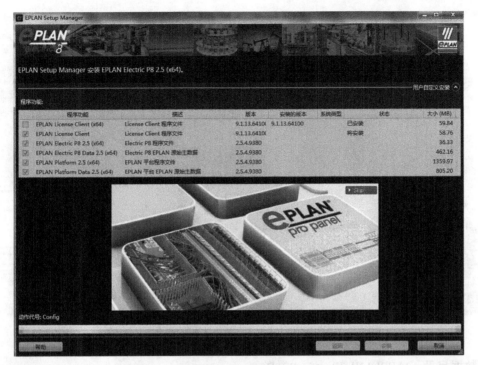

图 1-12 安装进程

7）单击"完成"按钮，结束安装。

1.3 目录结构及存储位置

1.3.1 EPLAN 软件结构

EPLAN Electric P8 是基于数据库的实体化设计软件，除了软件本身运行的主程序外，还有后台数据库文件及在线网络数据。软件自身的运行程序完成菜单功能的调用及项目图纸界面的显示。项目中的符号、图框、表格、字典及部件等数据都存储在数据库中，其中项目数据和系统主数据分别存储在两个数据池中。当新项目导入时可设置更新系统主数据，实现主数据的同步更新。当项目数据与系统主数据不同步时，可设置更新项目主数据，使系统主数据与项目主数据保持同步更新。

EPLAN Electric P8 平台数据与 EPLAN 其他平台产品无缝结合，EPLAN Pro Panel 电气模型与 EPLAN Electric P8 原理图符号中的电气属性保持一致，共享部件库数据，其自动布线信息来源于原理图接线报表中的数据，所有数据在同一个平台下进行共享（见图 1-13）。

1.3.2 软件各部分存储位置

在软件安装过程中，如果用户未修改安装目录下的数据存储目录，在默认情况下，软件会自动创建程序目录和子目录。当第一次启动 EPLAN Electric P8 软件时，软件会自动将原始主数据复制到指定路径下的系统主数据中。

安装目录如下。

程序目录：\\EPLAN\ Electric P8\2.5.4。

图 1-13　EPLAN 平台下数据共享

主数据目录：\\EPLAN\ Electric P8\Data。

用户设置：\\EPLAN\ Electric P8\Settings。

工作站设置：\\EPLAN\ Electric P8\Settings。

公司设置：\\EPLAN\ Electric P8\Settings。

在主数据目录下的 Data 文件夹中，存储着用户各类数据，如图 1-14 所示。

SYS (C:) › 用户 › 公用 › EPLAN › Data		〜 C		
名称 ^		修改日期		类型
DXF_DWG		2021/11/26 22:31		文件夹
XML		2021/11/26 22:31		文件夹
表格		2021/11/26 22:31		文件夹
部件		2021/11/26 22:31		文件夹
翻译		2021/11/26 22:31		文件夹
符号		2021/11/26 22:31		文件夹
功能定义		2021/11/26 22:31		文件夹
管理		2021/11/26 22:30		文件夹
宏		2021/11/26 22:31		文件夹
机械模型		2021/11/26 22:31		文件夹
脚本		2021/11/26 22:31		文件夹
模板		2021/11/26 22:31		文件夹
配置		2021/11/26 22:31		文件夹
图框		2021/11/26 22:31		文件夹
图片		2021/11/26 22:31		文件夹
文档		2021/11/26 22:31		文件夹
项目		2021/11/26 22:31		文件夹

图 1-14　Data 文件夹数据

DXF_DWG：含有 DXF 或 DWG 格式的草图文件。

XML：含有 XML 文件。

表格：含有多种类型和标准的表格，属于系统主数据。

部件：含有 Microsoft Access 格式的部件数据库和相关导入/导出的控制文件。部件数据库

格式为 ∗.mdb。

翻译：含有 Microsoft Access 格式的翻译字典数据库。翻译字典库的格式为 ∗.mdb。

符号：含有符合各种标准的符号库，属于系统主数据。

功能定义：含有各种功能定义的文件。

管理：含有权限管理的文件。

宏：含有各种类型的宏、窗口宏、符号宏和页面宏。

机械模型：含有相关的机械数据。

脚本：含有相关格式的脚本文件，格式为 ∗.cs 和 ∗.vb。

模板：含有项目模板、基本项目模板和导出项目数据的交换文件。

配置：含有项目、用户、公司及工作站配置文件。

图框：含有符合各种标准的图框，属于系统主数据。

图片：含有所有的图片文件。

文档：含有 PDF 格式的文档（产品选型手册）和 Excel 表格文件。

项目：用户默认存储项目的文件夹和路径。

1.3.3 存储的调整

如果在软件安装过程中未设置主数据存储位置，软件安装完成之后，在软件 "文件" 菜单中，通过执行 "设置" → "用户" → "管理" → "目录" 命令，用户可建立新的配置名称，将修改后的主数据存储路径保存在该配置下，方便下次选择，如图 1-15 所示。

图 1-15　数据存储路径调整

1.3.4 网络数据共享平台搭建

EPLAN Electric P8 在进行项目设计时需要对部件库进行标准化管理，部件库的数据维护需要通过权限管理来进行规范化管理。工程师在设计项目之时能拥有丰富及标准的部件库，将会大大提高设计效率及准确性。部件库的完善及更新需要每位工程师的项目经验积累及验证，只有经过项目验证的部件库数据才是准确的数据，部件库完成更新后，其他工程师在下次设计之时就可以直接调用部件库中的数据，避免重复工作。随着项目的积累，部件库会逐渐得到完善，所以企业需要将数据进行网络共享，以保证每位工程师使用的都是最新数据及项目设计数据的一致性。

　　企业可以将部件数据库放置在企业服务器上，工程师客户端需要将部件库路径选择为服务器路径下的部件数据库，通过执行"设置"→"用户"→"管理"→"部件"命令，设置 EPLAN(A)数据库路径为服务器路径，如图 1-16 所示。

图 1-16　部件共享路径

1.4 数据结构

1.4.1 EPLAN 主数据

　　在 EPLAN Electric P8 软件的"主数据"菜单下可以看到 EPLAN 主数据主要包括符号、图框和表格，这是电气绘图三要素，也是 EPLAN 设计的核心主数据，如图 1-17 所示。

图 1-17　EPLAN 主数据

　　设计电气图纸时，符号通常采用图形线条的方式代表实际存在的电气设备。电气原理的设计是在图纸的一定区域内完成绘制的，该区域使用图框来定义，图框大小有 A0、A1、A2、

A3、A4 等，电气原理图纸普遍采用 A3 图框。项目原理设计完成之后，通常要进行图纸目录、物料清单、电线图表、端子接线表及电缆图表的统计，这些报表称为表格，如图 1-18 所示。在传统的 CAD 制图中，图纸目录和物料统计都是通过人工完成的，工艺加工则是通过查看原理图来接线，端子数量也是在工艺部分根据原理图接线进行增减，不能达到准确统计及规范接线的要求。

序号	设备标识代号	元件名称	型号	数量	物料编号	供应商	备注
29	-SQ4-1						
30	-SQ4-2						
31	-SQ5						
32	-SQ6						
33	-SQ6						
34	-T						
35	-U						
36	-U1						
37	-X1						
38	-X2						
39							
40							
41	-YB						
42	-YC1						
43	-YC2						
44	-SA4	按钮	LA38-11/209B 红色	1	250200200000253X	长江电器	
45	-FU2	熔断器组合端子	PXC.3048357	5		PXC	
46	-FU4						
47	-FU5						
48	-FU6						
49	-FU7						
50	-M1	三相电机	SEW.K19DRS71M4/TF	1		SEW	
51	-HL	全套设备,圆形指示灯	SIE.3SB3217-6AA20	1		SIEMEN	
52	-KM5		SIE.3VA1032-2ED32-0AA0	1		SIE	
53	-FR1	真空断路器	VBG-12P/630-31.5 DC220V 施耐德宝光电器	3	150800600000532X	施耐德	
54	-FR2						
55	-QF						

图 1-18　符号、图框、表格

　　符号是电气设备的一种图形表达，是电气设计人员在原理设计之时的交流语言，用来传递系统设计的控制逻辑。为了使企业之间能彼此看懂对方的图纸，专业的标准委员会制定了统一电气标准。在 EPLAN 中符号库有四种标准，分别是 GB（国标）、IEC（国际标准）、NFPA（美标）和 GOST（俄罗斯标准）。四种标准的多线图符号库分别为 GB_symbol、IEC_symbol、NFPA_symbol、GOST_symbol；对应的单线图符号库分别为 GB_single_symbol、IEC_single_symbol、NFPA_single_symbol、GOST_single_symbol。针对不同国家及设计标准，符号的图形表达也不尽相同。IEC 标准也称为欧标，是目前普遍应用于电气行业的一种标准。中国目前属于

IEC 成员之一，所以 GB 国标符号与 IEC 标准类似。俄罗斯 GOST 标准中的符号与 IEC 也类似，唯独 NFPA 美标的符号差异比较大，如图 1-19 所示。随着国际化进程的发展，电气设计标准将逐渐实现国际标准化。

图 1-19　各类标准符号

图框作为电气设计的绘图区域，主要包括边框线、标题栏和行列标签栏。边框线完成图框图幅大小的绘制，一般分为 0、1、2、3、4 号图纸。标题栏用于确定项目名称、图纸功能、图号、设计和审图人员等信息。在 EPLAN 中只要将该信息填写在项目属性或图纸属性中，图框标题栏将自动显示该信息。为了快速定位图纸中的设备位置及复杂图纸的阅图方便，图框又按行、列进行分区，将行、列宽度进行垂直等分。通常列标注采用阿拉伯数字编号，行标注采用英文大写字母进行编号。EPLAN 中包含了符合国际标准的图框，包括 GB（国标）、IEC（国际标准）、ANSI（美标）和 GOST（俄罗斯标准）。对应标准的图框分别是 GB_A0_001.fn1、FN1_001.fn1、NFPA_0_Ladder_mm. fn1 和 GOST_first_page_scheme_A3，如图 1-20 所示。

图 1-20　各类标准图框

　　表格是指电气项目完成后，根据评估项目原理图纸，自动统计和生成的与生产工艺有关的各类报表。一个项目中应包括项目封页、图纸目录、物料清单、电线接线表、电缆清单、端子接线表和 PLC 总览表等类型表格。EPLAN 中内置了符合国际标准的 36 种类型表格模板，用户可根据项目需要，选择生成相应的项目报表，如图 1-21 所示。另外，用户也可自定义表格内容，定制个性化表格模板。

图 1-21　各类标准表格

1.4.2　EPLAN 项目数据

　　EPLAN 项目数据包括项目文件及项目主数据。在 EPLAN "Data" 文件夹下的 "项目" 文件夹中保存着项目主体文件和链接文件，后缀名分别为 *.edb 和 *.elk，如图 1-22 所示。一个完整的项目由两部分组成，分别是 *.edb 主体文件及 *.elk 链接文件。如果需要将一个项目进行另存或归档时，要对项目进行备份或打包处理，这样项目中的数据才是完整的，不能只复制主体文件或链接文件。

ESS_Sample_Macros.edb	2021/11/26 22:31	文件夹
ESS_Sample_Project.edb	2021/11/27 11:26	文件夹
ESS_Sample_Macros.elk	2021/7/1 17:33	EPLAN 项目
ESS_Sample_Project.elk	2021/11/27 13:09	EPLAN 项目
Projects.mdb	2021/11/27 17:27	Microsoft Access Database

图 1-22　项目文件

　　"项目" 文件夹下还包括一个 Projects.mdb 文件，该数据库文件为项目管理数据库，如图 1-23 所示。

　　Projects.mdb 项目管理数据库始终与 EPLAN 菜单中 "项目" 管理功能一同启动。项目管理中显示的所有信息都位于项目管理数据库中。根据设计标准将项目管理数据库保存在项目目录中，可通过执行 "设置" → "用户" → "管理" → "项目管理数据库" 命令，在公司指定的路径下选择或新建一个保存位置，如图 1-24 所示。

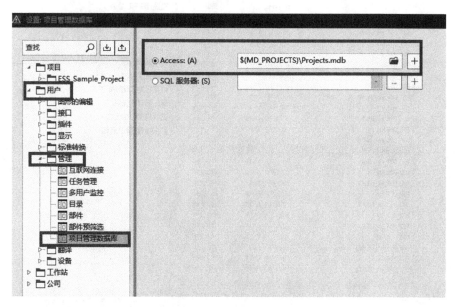

图 1-23　项目数据库文件

图 1-24　项目管理数据库

1.4.3　EPLAN 主数据与项目数据

当选择一个项目模板新建项目时，软件会根据模板要求，将指定标准的符号库、图框及表格数据从系统主数据复制到项目数据中。当项目被备份出软件时，项目数据与系统主数据进行分离。

当一个外来项目恢复到软件中时，其含有与系统主数据不一致的符号、图框、表格时，通过使用项目数据同步系统主数据，这样项目中使用的符号库、图框、表格模板等数据就可以更新到软件中，从而丰富系统主数据内容。按照公司部件库的标准化管理，一般外来数据未经授权是不允许被更新的，这涉及企业标准化问题，因此该操作需谨慎。

项目数据与系统主数据的关系如图 1-25 所示。系统主数据容量远远大于项目数据，两者之间可进行双向同步。

图 1-25　项目数据与系统主数据的关系

1.4.4　同步主数据

通过 EPLAN 软件菜单"主数据"→"同步当前项目"命令可以查看项目主数据与系统主

数据的关系。项目主数据与系统主数据好比两个数据池,左侧窗口显示的是项目主数据,右侧窗口显示的是系统主数据,如图 1-26 所示。

图 1-26　项目主数据与系统主数据

在项目主数据的状态栏中,有"新的""相同"和"仅在项目中"三种状态。"新的"表示项目主数据比系统主数据要新。"相同"表示项目主数据与系统主数据相同。"仅在项目中"表示数据仅在此项目中,系统主数据中没有该数据。

项目主数据下方的"筛选器"有四种选项,分别是"未激活""显示不同""项目主数据(旧版)"和"系统主数据(旧版)"。"未激活"表示当前显示项目与系统主数据的全部内容;"显示不同"表示只显示项目与系统不同的主数据;"项目主数据(旧版)"表示当前只显示旧的项目主数据;"系统主数据(旧版)"表示当前只显示旧的系统主数据。

在同步单个主数据时,在项目主数据池中选中需要传输的数据,单击 → 按钮可将项目主数据中的数据复制到系统主数据中。在系统主数据池中选中需要传输的数据,单击 ← 按钮可将系统主数据复制到项目主数据中。

全面同步主数据时,选择系统主数据下方的"更新"选项中的"项目"或系统,可快速全面将项目旧数据替换为系统主数据或将系统旧数据替换为项目主数据,如图 1-27 所示。

图 1-27　全面更新主数据

1.5　设计环境设置

1.5.1　设计中项目数据和主数据的存储位置

在项目设计之初需要建立合理的 EPLAN 设计环境，首先应该设定项目数据和主数据的存储位置。在 1.3.3 节中已经讲述了如何调整项目数据的存储位置，这个关系到用户新建项目时，到哪里去取主数据。在软件安装过程中，系统都是采用默认路径，通过调整存储位置，用户可以将主数据存放在个人客户端计算机上，也可以存放在公司服务器上。为了企业数据标准化管理及安全可靠性，一般都是将项目主数据放置在企业服务器上，供用户共享使用。

1.5.2　设计中所需部件库

在原理图中插入符号后，需要从部件库中选择一个设备型号对符号进行选型。只有经过选型的符号才具有电气属性。在后期物料统计时，才能自动生成物料报表。通常一个公司的部件库数据需要进行集中管理，一方面有利于数据的积累，另一方面有利于数据的共享，避免重复工作。在 1.3.4 节中已经讲述了如何设置部件库放置路径。

EPLAN 部件数据库有两种 EPLAN（A）和 SQL 服务器（S），软件默认选择 EPLAN（A）

数据库。当部件库数据量超过 100 MB 时 EPLAN（A）数据库就会比较慢，影响设计效率。可以将部件库数据备份到 SQL 服务器中，这样将会大幅提高设计效率。

首先连接 SQL 数据，在数据库中新建一个数据库，名称为"MJ_Parts001"。在部件库管理中选择服务器名称及数据库名称，如图 1-28 所示。

图 1-28　SQL 服务器配置

SQL 服务器配置完成后，可设置连接 Access 数据库，将其部件库中的数据以 ∗.XML 格式进行导出。然后配置连接 SQL 服务器，将 ∗.XML 部件库数据导入软件中，系统自动将其写入 SQL 服务器中。或者通过在 SQL 数据库中将 Access 数据源直接导入目标 SQL 数据库中。

1.5.3　设计中智能选型所需部件库

所谓"智能选型"就是软件自动筛选部件功能模板与符号功能模板相匹配的数据，显示在部件选型界面中，以帮助工程师快速、准确地完成设备选型。但是，当时企业部件数据库比较庞大时，就会影响查找速度，需要将部件数据库按厂家或产品名称进行分类管理，例如，ABB、TE、德力西、正泰或者断路器、接触器、指示灯等。在进行选型时，选择不同的部件管理库，可快速进行设备选型。通过执行"设置"→"用户"→"管理"→"部件"命令可进行不同部件库的设置，如图 1-29 所示。

1.5.4　设计中所需翻译库

在与外资企业项目合作过程中，项目设计中的文字信息需要自动进行语言转换。EPLAN 软件目前支持 110 多种语言的翻译，翻译库与部件库类似，都是 Microsoft Access Database 数据库格式的 mdb 文件。由于每个企业的行业术语都有所不同，因此需要将这些行业术语导入／导

图 1-29　智能选型设置

出进行编辑，将其各种语言的翻译文字添加到翻译库中。在软件"选项"菜单下，通过执行"设置"→"用户"→"翻译"→"字典"命令进行翻译库的设置选择，如图 1-30 所示。

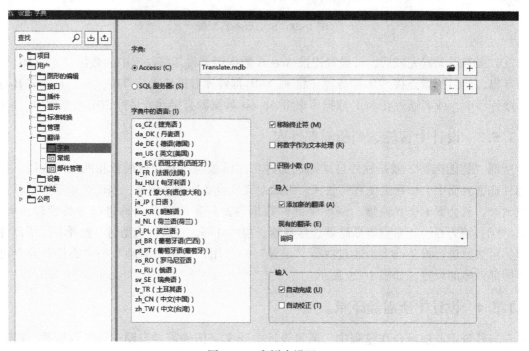

图 1-30　翻译库设置

1.6　本章小结

本章主要内容如下：

- 1.1 节重点介绍了 EPLAN 软件安装的硬件要求及软件要求。在 EPLAN 2.4 版本后 EPLAN 不再支持 32 位系统的安装，所以 Office 必须安装 64 位软件。
- 1.2 节重点介绍了 EPLAN Electric P8 的四种工程设计方法及 EPLAN 其他产品，另外介绍了在软件安装过程中如何设置主数据存储目录及软件语言选择。
- 1.3 节主要介绍了 EPLAN 软件架构、主数据目录存储路径的调整。网络平台数据共享能够帮助企业快速完成部件库的积累及数据共享目标。
- 1.4 节主要介绍了项目主数据内容和系统主数据内容。当项目恢复到软件中时，介绍了如何单个更新项目主数据和系统主数据以及全面更新项目主数据和系统主数据。
- 1.5 节主要介绍了在项目设计之初需正确配置数据库的路径，包括项目主数据目录、部件库路径及翻译库的设置。其中部件库为重点内容，涉及企业数据的标准化及快速选型问题，需重点学习。

第 2 章 EPLAN 设计前准备

本章提出 EPLAN 软件中经常用到的一些概念，包括各种定义、图形、图纸、文本等属性以及各种导航器等，强调栅格的作用和设置方法，定义基础数据包含哪些内容，阐述占位符的文本和对象的区别，这些都是 EPLAN 在使用过程中需要明确的定义和属性信息，读者不必全部记下来，但需要注意各种概念之间的区别，以防在未来设计过程中出现一些不必要的错误。

2.1 区分概念

2.1.1 模板

EPLAN Electric P8 软件自带基本项目模板，其扩展名为 ＊.zw9（＊.epb 项目模板在 1.9 之前的版本中使用，之后的新版本中不再使用这种格式）。

在路径目录下，EPLAN 软件同样自带了七种基本项目模板，如图 2-1 所示。

图 2-1 软件自带的基本项目模板

基本项目模板是通过选择不同标准的项目模板设计完成一个项目后，在该项目中定义了用户数据、项目页结构、常用标准页、常用报表模板及其他自定义数据，然后将原理图纸删除，只保存标准的预定义信息及自定义内容，将其保存为基本项目模板。

基本项目模板中不仅包含各类标准的基本内容，还包括了用户自定义的相关数据及项目页结构内容。应用基本项目模板创建项目后，项目页结构就被固定，不能被修改。

GB_tpl001.zw9：内置 GB 标准标识结构及项目页结构的项目模板，自带 GB 标准符号库、图框及表格等数据。

GOST_tpl001. zw9：内置 GOST 标准标识结构及项目页结构的项目模板，自带 GOST 标准符号库、图框及表格等数据。

IEC_tpl001. zw9：内置 IEC 标准标识结构及项目页结构的项目模板，自带 IEC 标准符号库、图框及表格等数据。

IEC_tpl002. zw9：内置 IEC_81346 标准标识结构及项目页结构的项目模板，自带 IEC 标准符号库、图框及表格等数据。

Inch Template. zw9：内置 JIC 标准标识结构及项目页结构的项目模板，自带 NFPA 标准符号库、图框及表格等数据。

NFPA_tpl001. zw9：内置 NFPA 标准标识结构及项目页结构的项目模板，自带 NFPA 标准符号库、图框及表格等数据。

Num_tpl001. zw9：内置带顺序编号的标识结构及项目页结构的项目模板，自带 IEC 标准符号库、图框及表格等数据。

2.1.2　模板的作用

为了规范企业图纸的标准化设计，保证每位设计者在快速完成项目设计后，项目图纸都能符合相应的设计规范及标准，这就需要企业有统一的项目模板进行规范。在项目模板中设置基于某种标准的规则和预定义的数据，指定模板中包括的主数据内容及各种预定义配置、层管理信息及报表模板等。使用项目模板设计项目，设计者不用担心主数据是否符合标准，图纸是否设计规范等问题，软件会自动按照模板设定的标准对原理图进行规范。项目报表的生成，只需在模板中定义完成之后便可一键自动生成，能帮助工程师大幅提高设计效率。

2.1.3　模板中的信息

模板其实就是一个在某种标准和规则下，设置预定义信息及个性化定制内容的空项目。项目模板包括项目属性预定义内容，页属性预定义信息及字体、图框、关联参考显示格式等项目选项设置。模板中不应包含项目图纸、设备及表格统计内容等信息，在选择模板创建新项目后，新项目的原理应该是在一张全新的原理图上进行绘制，原理设计完成之后自动统计该项目的各类表格数据，否则在新项目中会有多余的图纸及设备出现，不利于新项目的设计。

模板中项目属性预定义内容主要包括项目属性自定义内容的添加和设备标识符结构的设置。

用户可自定义项目属性中的内容，通过单击 ⊞ 按钮添加需要显示的属性，如果项目属性中没有用户使用的属性名称，可以使用"用户增补说明"进行代替，如图 2-2 所示。项目属性中的产品名称、审核人等信息都可作为"特殊文本"添加到图框标题栏中，在原理图纸的图框标题栏中将自动显示项目属性中的变量内容。

在项目属性对话框"结构"中，定义模板中不同设备组的标识符结构，如图 2-3 所示。通过基本项目模板创建的项目，页结构被固定不能修改。

项目中的常规设备、端子排、插头、PLC 及中断点等标识符结构通过单击设备组后面的 ⬚ 按钮，进入"设备结构"界面，通过配置中的下拉列表框定义设备结构。用户可自定义新的结构配置，结构下方包括功能分配、高层代号、安装地点、位置代号、高层代号数及用户定义的结构五种结构名称，通过在"数值"列的下拉列表框中选择：标识性、描述性、不可用三种功能进行设置，如图 2-4 所示。

图 2-2　项目属性预定义信息

图 2-3　设备组标识符结构

图 2-4　自定义设备结构配置

　　模板中的页属性预定义信息与项目属性的预定义信息类似，通过单击 + 按钮添加需要显示的属性名称，如果属性列表中没有需要显示的变量名称，可用"用户增补说明"代替，如图 2-5 所示。

图 2-5　页属性预定义信息

　　模板中的字体、默认图框及关联参考格式等内容，通过"文件"菜单下的"设置"进行修改，如图 2-6 所示。

图 2-6　模板选项设置

设置界面包括项目、用户、工作站、公司四部分内容。项目部分主要是针对当前工程项目中的设置，例如，关联参考、字体、图框等内容就可以在"项目"中进行设置，如图 2-7 所示。

视频 2-1
模板及设置

图 2-7　模板选项设置

2.2　栅格的作用

2.2.1　栅格的种类

在 EPLAN 状态栏处有五种栅格类型，分别是栅格 A、栅格 B、栅格 C、栅格 D、栅格 E，如图 2-8 所示。

默认情况下，A = 1 mm，B = 2 mm，C = 4 mm，D = 8 mm，E = 16 mm，在电气原理图中 EPLAN 默认为栅格 C = 4 mm。栅格的打开与关闭可通过状态栏处的栅格图标，当打开或关闭栅格时，在软件下方的状态栏中会显示当前栅格的状态，如图 2-9 所示。

图 2-8　栅格种类

RX: 53.68　RY: 69.73　栅格 C: 4.00 mm　逻辑 1:1

图 2-9　栅格状态显示

栅格大小的修改分为单张图纸栅格修改和整个项目图纸栅格修改。

在图纸页属性中的栅格内容处进行自定义修改，默认情况下为系统默认值 C = 4 mm，如图 2-10 所示。

图 2-10　单张图纸栅格设置

整个项目图纸的栅格大小，可通过执行"文件"→"设置"→"项目"→"管理"→"页"命令，设置页类型栅格中的"电气工程原理图"默认栅格，如图 2-11 所示。

图 2-11　项目图纸栅格设置

2.2.2　使用栅格的情况

在原理图设计过程中，EPLAN 具有自动连线功能，通常借助栅格点捕捉对齐到符号的各个连接点，让符号之间快速完成电线连接，如图 2-12 所示。

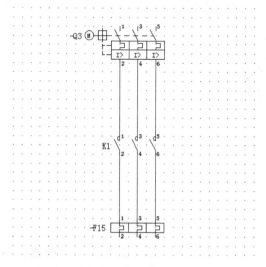

图 2-12　符号快速连线

在移动或插入宏电路时，整个宏电路都是在等间距的栅格点上进行移动或插入，方便节点指示器快速捕捉到电线，如图 2-13 所示。

图 2-13　节点指示器快速捕捉电线

2.2.3　栅格使用中的注意事项

栅格在设计使用过程中一定要打开"捕捉到栅格"功能，如图 2-14 所示。如果未打开该功能，图纸即便显示栅格，符号连接点也无法快速对齐到栅格点上。

在原理图设计过程中，设计人员有时会忘记开启"捕捉"功能，已经放置到图纸中的符号无法进行自动连线，当打开捕捉功能后，符号的连接点仍未在栅格捕捉点上，如图 2-15 所示。这时，需要通过"对齐到栅格"功能，将已放置的符号连接点捕捉到栅格点上。可通过执行"编辑"→"对齐到栅格"命令将所选择

图 2-14　开/关捕捉到栅格功能

对象的插入点重新放置到栅格上，在使用该功能之前一定要打开"捕捉"功能，如图 2-16 所示。

在设置原理图栅格大小时，一定要与符号编辑器中符号连接点的间距保持一致或者为整倍数关系，如图 2-17 所示。如果原理图中的栅格间距设置过大，就会导致符号的某些连接点未在栅格捕捉点上，即便使用"对齐到栅格"功能，也不能进行自动连线；如果设置栅格过小，将会导致符号不能快速准确地进行连线对齐，影响设计效率，如图 2-18 所示。

图 2-15 符号连接点未在栅格点上

图 2-16 对齐到栅格

图 2-17 符号编辑栅格设置

图 2-18 栅格设置过大或过小

视频 2-2
栅格

2.3 名词解释

2.3.1 各种定义

在电气设计中 EPLAN 包含 7 种常用的定义：电缆定义、连接定义点、电位定义点、网络定义点、端子排定义、插头定义、部件定义点。过程定义点和过程连接点属于 EPLAN PPE 模块中的功能，如图 2-19 所示。

图 2-19　各种定义

电缆定义用于设置电缆连接，将电线连接转换为电缆缆芯连接，在图形编辑器中以动态形式添加。如果电缆为屏蔽电缆，则需要结合"屏蔽"功能，在图形编辑器中表示该电缆为屏蔽电缆，屏蔽层可进行接地处理，如图 2-20 所示。

连接定义点是为连接定义属性。所谓连接就是两个设备之间的自动连线，属于物理性的最小连接范围，如图 2-21 所示。

图 2-20　电缆定义

EPLAN 中所有的电线都是自动连接的，要定义每根电线的连接属性需要通过连接定义点完成，如图 2-22 所示。连接定义点的另一功能就是手动标注线号，当线号没有规律时采用手动插入连接定义点设置；当线号有一定规律时，通过"连接编号"功能自动完成电线编号。

图 2-21　连接定义

图 2-22　连接定义点

电位定义点与电位连接点都是用于定义电位，所谓电位是指在特定时间内的电压水平，从有源设备发起，终止于耗电设备，如图 2-23 所示。

电位定义点用于为设备的连接电位定义，外形类型连接定义点，一般位于耗电设备（变压器、整流器或开关电源）的输出端，因为这些设备改变了回路的电位值，如图 2-24 所示。

图 2-23　电位传递

图 2-24　电位定义点

电位连接点的外形类型端子，用于电位的发起，例如，配电柜电源的进线或者图纸电源的起点，如图 2-25 所示。

所谓网络是指元件之间的所有回路。元件之间的网络连接由单个或多个回路组成，如图 2-26 所示。

网络定义点用于定义整个网络接线的源和目标，而无须考虑"连接符号"的方向。网络定义比"指向目标的连接"表达更简洁和清楚。

图 2-25　电位连接点

网络定义点主要用于多个继电器的公共端短接在一起或门板上的按钮、指示灯的公共端短

图 2-26　网络定义

接在一起。在设计原理图时，公共端短接的连接关系用"指向目标"的 T 节点表达比较麻烦，如图 2-27 所示。使用网络定义点和连接列表可以清晰方便地进行连接关系表达，如图 2-28 所示。如果使用 Pro Panel 自动布线功能，软件根据布线（布线采用就近原则）的实际情况优化原理图中的连接顺序，使其更加合理。

图 2-27　基于 T 节点的连接

源	目标
=EB3+ET1-F15:2	=EB3+ET1-S11:13
=EB3+ET1-S11:13	=EB3+ET1-S13:13
=EB3+ET1-F15:2	=EB3+ET1-S10:13
=EB3+ET1-S10:13	=EB3+ET1-S12:13

图 2-28　基于网络定义点的连接

端子排定义主要用于将用途相同的单个端子绑定在一个排上，便于端子的管理。实际中端子排定义并不是具体的设备，而是类似端子排的功能标签，如图 2-29 所示。

图 2-29　端子排定义

插头定义与端子排定义类似。

部件定义点用于定义一些不需要出现在原理图上的部件型号，但需要在材料表或安装板上体现，使用部件定义点即可实现部件编号的添加，例如线槽、导轨、螺钉等附件，如图 2-30 所示。当然，并不是一定要使用部件定义点才能解决类似问题，例如，线槽和导轨可以作为安装板附件放在安装板的部件编号中；压接端子可以作为导线部件的附件；螺钉可以作为接触器的附件等。

视频 2-3
各种定义

图 2-30　部件定义点应用

2.3.2　菜单上的名词含义

EPLAN 共有 10 种菜单功能，每个菜单下都有对应的功能，如图 2-31 所示。

图 2-31　菜单功能

【文件】菜单主要用于项目的前期管理和后期归档处理及新模板保存等功能。常用的功能有信息、新建、打开/关闭、备份、复制、删除、项目管理、修订管理、导入/导出、打印、协作、附加、设置、帮助等功能，如图 2-32 所示。

【编辑】菜单主要用于图纸中图形的修改及文本的编辑。其中包含了 CAD 中常用的工具，用于项目主数据的图形和文本编辑以及图形编辑器中元件的编辑功能，如图 2-33 所示。

【开始】菜单主要是针对图纸页的相关功能，常用功能包括页的新建、页宏的创建和插入、图像预览、文本、3D 布局空间等功能，如图 2-34 所示。

【查找】菜单通过设置查找对象和界定查找范围，快速定位图纸中需要查找的数据，便于数据的批量替换，如图 2-35 所示。

【视图】菜单主要用于图纸中相应功能的显示与隐藏及工作区域的调整显示功能。常用的功能有插入点、栅格、图形预览的显示与隐藏及工作区域的编辑显示功能，如图 2-36 所示。

【插入】菜单在原理图设计过程中应用比较多，是面向图形设计时的功能应用。常用功能包括符号、宏的插入，各种定义的添加，结构盒/黑盒/PLC 盒子的添加以及宏变量的创建，如图 2-37 所示。

【主数据】菜单通过各种导航器来管理项目中的数据，是面向对象设计时的功能应用。常用功能有部件、宏、同步、图框/表格、符号、轮廓线/架构等功能，如图 2-38 所示。

图 2-32　文件菜单功能

【工具】菜单主要用于报表的生成、检查、结构标识管理、翻译功能。该菜单在项目设计过程中非常重要，如图 2-39 所示。

图 2-33　编辑菜单功能

图 2-34　开始菜单功能

图 2-35　查找菜单功能

图 2-36　视图菜单功能

图 2-37　插入菜单功能

图 2-38　主数据菜单功能

图 2-39　工具菜单功能

　　【预规划】用于前期项目设计的规划，在导航器中新建结构段和规划对象，通过"导入"功能可以将之前的规划文件导入项目中，如图 2-40 所示。

　　【结构标识符管理】主要用于规划项目的结构，定义高层代号、位置代号等结构标识符名称和描述以及后期在项目中的应用状态，如图 2-41 所示。

图 2-40　预规划功能

图 2-41　结构标识符管理功能

【设备】中包含了图纸中所有的电气元件，例如，端子排、插头、PLC 等。通过设备导航器可快速定位图纸中的设备，也可在设备导航器中预添加项目数据，在原理图设计时直接"拖拽"到图纸上。"编号"功能主要用于对图纸中的设备标识符进行顺序编号，如图 2-42 所示。

图 2-42　设备功能

【端子排】是从【设备】中单独分离出来的，只含有项目中的所有端子排。在端子排导航器中可批量添加单层或多层端子、对端子排中的端子进行顺序编号以及在端子排编辑器中对端子进行调整和手动跳线，如图 2-43 所示。

【插头】与【端子排】类似，在插头导航器中可批量添加项目中的插头设备，通过"编辑"功能对项目中的插头进行排序和调整，如图 2-44 所示。

图 2-43 端子排功能

图 2-44 插头功能

【PLC】中包含了项目中所有的 PLC 设备，在导航器中可预添加 PLC 设备，设置 PLC 数据类型及 PLC 编址，如图 2-45 所示。

【电缆】中包含了项目中所有的电缆，在导航器中可预设电缆设备，对电缆标识进行编号，设置自动选择的电缆型号和重新分配电缆缆芯，如图 2-46 所示。

图 2-45 PLC 功能

图 2-46 电缆功能

【连接】主要对项目中的"连接定义点"进行批量修改，对电线进行批量编号，显示项目中的电位、过程、中断点导航器以及 3D 中的自动布线，如图 2-47 所示。

图 2-47 连接功能

【消息】主要用于检查项目中是否有不符合规范的设计及人为的错误，帮助设计人员查找项目中的错误。通过"执行项目检查"设置项目检查的错误提示类型，在管理中查看各个错误类型及转至图纸中，如图 2-48 所示。

图 2-48 消息功能

视频 2-4
菜单功能

【2D 安装板布局】功能在【插入】菜单里，单击 2D 安装板可插入安装板，在设备里可以找到 2D 安装板布局导航器，单击鼠标可以对安装板进行编辑，如图 2-49 所示。

图 2-49　2D 安装板

2.4　图形和图纸

2.4.1　图形及其工具

EPLAN 工具栏中的"图形"功能类似 CAD 的图形编辑功能，主要对项目主数据中的符号图形进行绘制、修改，图框标题栏的绘制及表格图形的编辑。图形工具中主要包括直线、折线、弧线、圆、曲线等图形绘制，如图 2-50 所示。

在图形编辑器中绘制直线、折线、圆、曲线等图形，如图 2-51 所示。

图 2-50　图形工具　　　　图 2-51　图形绘制

文本、图片及超链接的插入主要是丰富原理图的设计，使原理图的内容更加具体。其中文本包括普通文本和路径功能文本，如图 2-52 所示。普通文本只是文字显示，没有其他属性。

路径功能文本不仅具有普通文本的文字显示功能，而且会将文本内容写入同一路径的设备功能文本中，在设备属性或报表中可以显示路径功能文本信息。

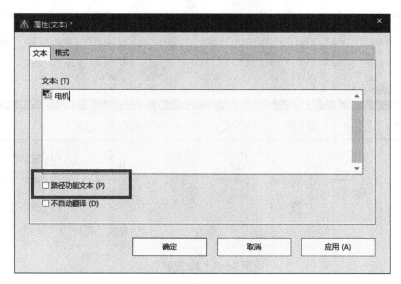

图 2-52 文本及路径功能文本

在原理图设计中，符号旁边可添加该设备的图片信息，使符号与实物能一一对应，便于图纸选型及设备信息核对，如图 2-53 所示。

超链接主要完成原理图设备的技术文档链接，在设计过程中经常要查阅相关设备的技术文档，将技术文档添加为超链接，在设计过程中按住〈Ctrl〉键同时单击"超链接文本"即可打开相关技术文档，如图 2-54 所示。

图 2-53 插入图片   图 2-54 超链接添加

尺寸标注主要用于测量距离，其中包括线性尺寸标注、对齐尺寸标注、连续尺寸标注、增量尺寸标注、基线尺寸标注、角度尺寸标注、半径尺寸标注，如图 2-55 所示。

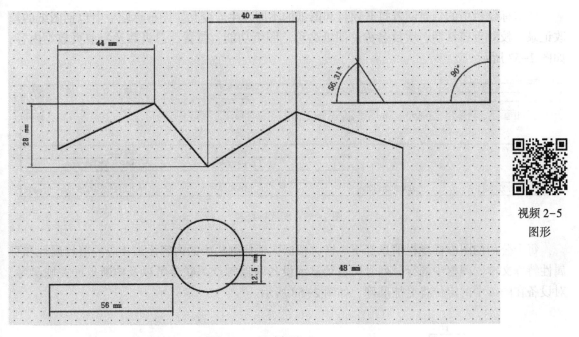

图 2-55　尺寸标注

2.4.2　图纸上的信息

在原理图纸中，除符号及电线之外，还包括图框行、列号及标题栏信息，如图 2-56 所示。

图 2-56　图纸信息

图框标题栏中的信息随着打开项目和图纸的不同发生着变化。图框标题栏中包括图纸的修改记录、校对审核日期、项目名称、图纸名称、图纸功能、位置、总页数及当前页数等内容，如图 2-57 所示。

			项目名称	ESS_Sample_Project		项目编号		EPLAN GmbH & Co. KG	
			磨床			001			
修改	日期	姓名				图号			
			创建者	EPL		批准人			

									2
400/230 V 电源						=GAA		&EFS1	
						400 V 电源		原理图，电气工程	
						+A1		页	1
日期	2021/11/26	校对		ADMINISTRATOR		编框 1		页数	178 从 305

图 2-57　图框标题栏

每个公司的图框标题栏信息都不一样，根据图框标题栏中的内容添加相应的项目属性和页属性特殊文本。图框中的行、列号可自动显示设备映像触点关联参考以及中断点的关联参考，对设备在图纸中的定位将更加准确，如图 2-58 所示。

图 2-58　映像触点及中断点关联参考

2.5　文本

文本可以在修改属性时自动更新输出一个属性值，主要用于在新建符号、图框和表格时添加的各种变量。打开相应的主数据文件，单击"插入"菜单下的"文本"选项。

符号中的文本包括项目属性和页属性，如图 2-59 所示。

图 2-59　符号特殊文本

图框中的文本包括项目属性、页属性、图框属性、列文本、行文本和水印（修订管理），如图 2-60 所示。

图 2-60　图框特殊文本

表格中的文本包括项目属性、页属性和表格属性，如图 2-61 所示。

图 2-61　表格特殊文本

在新建主数据时添加文本属性，在原理图设计过程中只要在相应的项目属性或页属性中填写相应的数据，主数据中将会自动显示相应的内容。

以图框为例，图框标题栏中包含了项目属性及页属性。"项目描述"和"公司名称"都属于项目属性。项目属性类似"全局变量"，每张图纸上显示的属性内容都一致，如果内容变更所有图框信息将自动更新。审核是否要作为项目属性主要取决于图纸是单张审核还是全部统一审核，一般来说，审核也是作为项目属性对待，如图 2-62 所示。

页描述、图号、高层代号、位置代号及页名等属性属于页属性。页属性类似"局部变量"只针对该页图纸的显示内容，在下一页图纸中可能会发生变化，如图 2-63 所示。

2.5.1　项目属性

打开主数据文件后，在"插入"菜单下的"文本"选项中单击"项目属性"，如图 2-64 所示。

单击"放置"栏中的▦按钮添加项目属性名，如图 2-65 所示。

通过"格式"栏修改已放置属性名的字号、颜色、方向、字体、文本框及位置框等信息。"位置框"可以使数据显示在某一区域内，以防止数据太多超出显示范围。"位置框"在图框标题栏和表格数据中会频繁用到，如图 2-66 所示。

图 2-62 项目属性

图 2-63 页属性

　　文本中的项目属性名称与原理图设计中的项目属性名称一一对应，文本中的项目属性是变量（见图 2-67），而原理图中的项目属性是该变量对应的数值（见图 2-68）。

图 2-64　项目属性放置

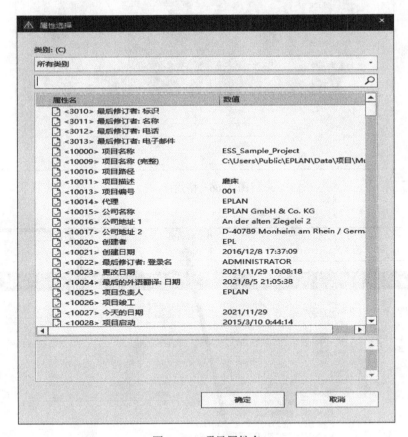

图 2-65　项目属性名

在原理图项目属性中已赋予相应属性名数值，在文本的项目属性中可预览到该数值，这样可以帮助设计人员在主数据文件中添加项目属性时，方便找到对应的属性名，如图 2-69 所示。

图 2-66 格式栏

图 2-67 主数据中项目属性名

图 2-68　原理图中的项目属性数值

图 2-69　项目属性数值预览

2.5.2　页属性

页属性与项目属性类似，同样在打开主数据文件后，在"插入"菜单下的"文本"选项中单击"页属性"，如图 2-70 所示。

图 2-70　页属性放置

单击"放置"栏中的█按钮添加页属性名，如图 2-71 所示。

图 2-71　页属性

　　页属性中的数值只针对该页图纸中的数据。例如，图纸名称、页名、高层代号、位置代号，每页图纸的名称和页码都不一样，高层代号和位置代号随着项目结构的变化也不同，所以在图框标题栏中需要添加页属性名，使每页图纸拥有自己的唯一数据，如果修改数据只需修改当页图纸属性即可，如图 2-72 所示。

　　原理图中每页图纸的描述、页码都不尽相同，只要修改相应图纸属性中的数值，在主数据栏中将自动更新相关数据，如图 2-73 所示。

图 2-72　主数据中的页属性

图 2-73　原理图中的页属性

视频 2-6
文本的项目属性
和页属性

2.6　导航器

在 2.3.2 节中介绍了项目数据下的名词，其中预规划、设备、端子排、插头、PLC、电缆、拓扑、连接、设备/部件、项目选项、宏、占位符对象、符号都有导航器功能。虽然占位符对象和符号两项没有导航器选项，但是在项目数据下是以导航器形式应用。

预规划是项目设计前期的初步规划，在预规划菜单栏中新建结构段、规划对象及新设备，如图 2-74 所示。

图 2-74　预规划菜单栏

设备菜单栏中包含了项目图纸中所有的电气设备，同时包括设备、端子排、插头、PLC、2D 安装布局导航在内，属于电气设备总集，如图 2-75 所示。

图 2-75　设备菜单栏

端子排导航器中包含了项目中所有端子排设备，在端子排导航器中可批量添加端子，对端子进行编号及编辑，如图 2-76 所示。

插头导航器与端子导航器类似，在插头导航器中可批量添加插头，对插头进行编辑及编号，如图 2-77 所示。

图 2-76　端子排导航器

图 2-77　插头导航器

PLC 导航器中可新建 PLC 设备，PLC 的设计方式包括基于地址、通道、板卡三种方式，针对不同的项目灵活采用不同的设计方式，将大幅提高对 PLC 的设计及图纸的阅读效率，如图 2-78 所示。

电缆导航器中可新建和删除电缆、编辑电缆及分配电缆连接，如图 2-79 所示。

图 2-78　PLC 导航器

图 2-79　电缆导航器

连接导航器中包含了设备的每个连接点的连接对象及电线属性，如图 2-80 所示。

设备菜单中包含两个导航器：材料表导航器、2D 安装板布局导航器。材料表导航器是基于报表的一种设计方式，可以将材料中的部件型号预加到导航器中，在原理图设计时直接将设备"拖拽"到图纸中，方便材料表的统计，如图 2-81 所示。

图 2-80　连接导航器

图 2-81　材料表导航器

　　2D 安装板布局导航器主要用于 2D 安装板中的布局及安装尺寸，有些公司在设计之初是先设计 2D 布局图，查看项目设备能否安装在现有的柜体中，如图 2-82 所示。

　　3D 安装布局导航在开始菜单栏下，主要用于设备的三维 Pro Panel 布局，将 3D 模型通过导航器的方式添加到柜体中，然后进行自动布线，如图 2-83 所示。

图 2-82　2D 安装布局导航器

图 2-83　3D 安装布局导航器

视频 2-7
导航器

2.7　基础数据

　　许多工程师掌握了软件功能之后进行项目设计时都存在一个普遍现象，那就是缺少数据，这些数据就是项目的基础数据。为了快速、高效地完成一个项目，需要完善项目基础数据工作，主要包括主数据和部件库数据。

　　EPLAN 软件中虽然自带四大标准符号库，但是针对不同行业的项目设计还是缺少符号，需要用户自定义符号。在新建符号之前，每个公司需要新建一个自己的符号库，这样方便后期符号的查找及管理，如图 2-84 所示。用户可将新建的符号放置到自定义符号库中或者将已有标准符号库中的符号复制到新的符号库中。

图 2-84　符号库的新建

　　图框和表格用户可调用软件自带的模板或在此基础上进行修改。将修改后的图框和表格保存为模板，后期在项目设计时图纸默认图框为模板中设置的图框，项目中的各种报表可"一键"生成，如图 2-85 所示。

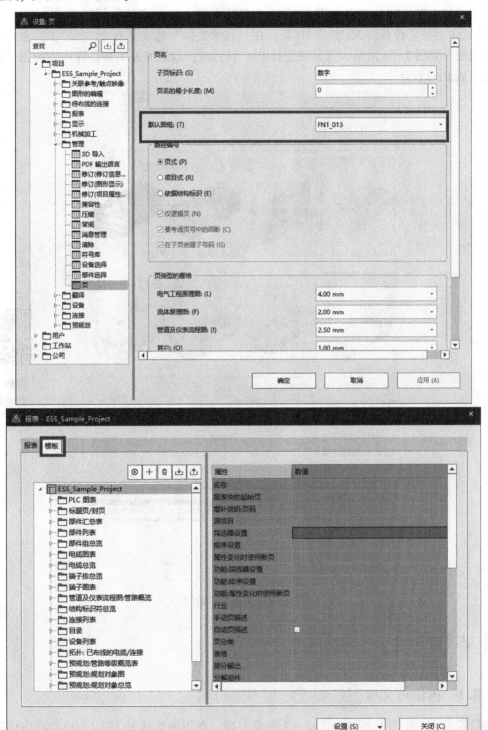

图 2-85　图框和表格设置

部件库数据为项目设计核心数据，完善的部件库数据将给设计带来质的飞跃。在部件库管理中不仅要完善部件编号及电气参数等信息，更重要的是"功能模板"数据和关联各种"宏"。"宏"的应用将大幅提高设计效率，降低出错率，因为"宏"电路是普遍成熟电路或之前已使用过的电路。EPLAN 的部件库管理中有两个宏，在"安装数据"选项下有个"图形宏"，该宏主要关联设备的 3D 宏或 2D 宏；在"技术数据"选项下有个"宏"，该宏主要是关联原理图宏，如图 2-86 所示。尤其在进行 PLC 设计时，如果完善了部件库中宏数据，将快速准确地完成 PLC 设计。

视频 2-8
基础数据

图 2-86 部件库宏数据

2.8 占位符

2.8.1 占位符文本

占位符文本主要用于表格中添加一个数据字段，在报表生成时 EPLAN 自动将占位符文本替换为项目中的对象数值。

在表格编辑器中，单击"插入"菜单中表格里的"占位符文本"选项，如图 2-87 所示。

在"占位符文本"属性界面中单击⬚按钮，将显示各种元素数据对应的占位符文本（见图 2-88），将表格中需要的占位符文本添加到报表中。

图 2-87　占位符文本　　　　　　　　　　图 2-88　占位符文本

"占位符文本"属性中的"格式"与"项目属性"中格式一样，主要用于对占位符文本的大小、颜色、字体等属性进行修改。其中位置框主要用于防止数据过长超出表格范围，如图 2-89 所示。

图 2-89　占位符格式

视频 2-9
占位符文本

2.8.2　占位符对象

占位符对象与占位符文本完全属于两个概念，虽然都有占位符字样，但是两者的用途截然不同。占位符对象主要应用于宏值集中，是宏值集的标识，外形类似于"锚"，如图 2-90 所示。

单击"插入"菜单中宏导航器下拉"占位符对象"命令，框选宏电路，此时应"关闭设计模式"，否则无法框选宏电路。如图 2-91 所示。

框选完成之后，软件自动弹出"占位符对象"属性界面，定义占位符对象名称，如图 2-92 所示。

图 2-90 占位符对象　　　　　　　　　　　　图 2-91 框选宏电路

图 2-92 占位符对象属性

在属性界面中的"数值"栏添加"新变量"和"新值集"。占位符对象可分配多个变量，每个变量可赋予多个值集。通过鼠标右键添加"新变量"和"新值集"，如图 2-93 所示。

图 2-93　宏值集

在属性界面中的"分配"栏，找到设备与值集中对应的技术参数，右键"选择变量"选择对应的变量名称，如图 2-94 所示。

图 2-94　分配宏值集

最后将分配好变量的占位符对象与原理图电路保存为"宏"，在下次插入该"窗口宏"时便可出现如图 2-90 所示的占位符对象。

视频 2-10
占位符

2.9 本章小结

本章主要介绍了 EPLAN 的一些基本要素，这些要素在今后的设计工作中会经常用到。由于 EPLAN 是国外的软件，存在翻译和称呼的差异性，因此要对这些常用要素进行一些解释和介绍。其中较为常用的是各种定义点以及各种参数和属性，需要在使用过程中，注意和自己设计过程中的元素进行对照，以便于理解软件的一些使用技巧和思路。

第 2 部分　实战设计案例

第 3 章　某型号车床电路设计

本章基于一个简单机床控制电路，介绍在 EPLAN 设计中基本原理图的绘制、符号的新建、对设备进行选型以及对电线电缆进行定义，并且生成简单的报表。经过本章的学习，读者可以初步地掌握完成一套简单项目所需要的基本操作。

3.1　项目新建

3.1.1　模板选用

在"文件"菜单下单击"新建"命令，在弹出的"创建项目"对话框中命名项目名称，选择项目保存路径及项目模板，修改创建日期及定义创建者名称，如图 3-1 所示。

在"模板"选项中，选择不同标准的模板进行项目新建，单击"基本项目"选项后的 按钮，在弹出的对话框中选择模板。EPLAN 软件自带了 12 种基本项目模板，如图 3-2 所示。

图 3-1　创建项目

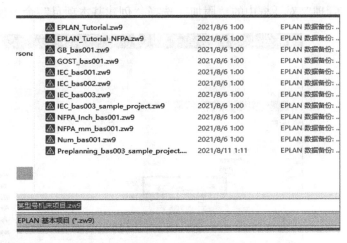

图 3-2　模板选择

在还没有企业标准模板之前，通常选择"基本项目"下的模板进行项目新建。选择"基本项目"新建的项目，在项目属性的"结构"选项卡中可以调整"页"结构，如图 3-3 所示。

3.1.2　模板的保存

当完成一个标准项目之后，需要将该项目保存为模板，在以后的设计过程中再逐渐完善模板内容，建立企业标准模板。如果后期项目设计需要调整项目结构，则将项目保存为"项目模

图 3-3　基本项目模板

板 . ept"。如果项目结构已经标准化，后期项目设计不再调整结构，而且项目中包含了用户自定义数据及主数据内容，则可以将该项目保存为"基本项目模板 . zw9"。

　　将标准项目保存为模板之前，首先需要删除原理图中的电路，为下次项目设计提供便利；其次，在项目树中选中该项目；最后，执行"文件"→"项目管理"命令，在弹出的"项目管理"对话框中的"附加"选择"创建基本项目"命令创建企业标准模板，如图 3-4 所示。

图 3-4　创建项目模板

　　创建的模板可自定义名称及保存路径，如图 3-5 所示。在下次新建项目时直接选择企业自己的模板，其中各种用户定义数据及设计规范都包含在模板中，工程师采用统一的模板进行项目设计，可保证设计图纸的规范性及标准化。

图 3-5　模板命名

视频 3-1
基本项目

3.2　原理图绘制

在原理图绘制之前，用户需要了解 EPLAN 软件自带的符号库及项目中所要用到的符号。在图形编辑器中插入软件自带的符号，如果符号库中没有项目符号，需要用户进行符号新建，完善设计前的基础数据准备工作。

3.2.1　图形编辑器

图形编辑器主要是指 EPLAN 用于原理图设计和编辑的区域，如图 3-6 所示。

图 3-6　图形编辑器

通过菜单栏中的各种命令在图形编辑器中进行原理图设计，如图 3-7 所示。

图 3-7　原理图编辑

3.2.2　符号的新建与插入

在项目设计过程中，往往需要用户新建原理图符号，EPLAN 软件中自带的符号库只是一些常规标准的符号，对于非标准设备的符号软件中并没有自带。

在新建符号之前，首先新建一个用户自己的符号库。将新建的符号存放在自己的符号库中，以便于符号的查找。通过执行"主数据"→"符号库"→"新建"命令建立用户自己的符号库，如图 3-8 所示。

在弹出界面中命名符号库的名称，如图 3-9 所示。

单击"保存"按钮，弹出"符号库属性"对话框，通过 ＋ 按钮添加符号库属性，设置符号库栅格大小，如图 3-10 所示。

在 EPLAN 中为了方便图纸的设计，每个符号有 8 个变量，这 8 个变量都是基于某个变量进行旋转和

图 3-8　新建符号库

镜像生成的。在新建符号过程中，一定要注意符号的旋转方向及显示标签的位置调整，通过执行"主数据"→"符号"→"新建"命令新建符号，如图 3-11 所示。

在 EPLAN 原理图设计中主回路常开触点是通过"拖放"单个常开主触点形成的，形成的三极主回路常开触点并不是一个完整的符号，这里以接触器"三极主回路常开触点"为例新建一个符号。

IEC_AS_ESS.slk	2021/7/1 17:36	Microsoft Excel ...	1 KB
IEC_EB_ESS.slk	2021/7/1 17:36	Microsoft Excel ...	1 KB
IEC_ED_ESS.slk	2021/7/1 17:36	Microsoft Excel ...	1 KB
IEC_SC_ESS.slk	2021/7/1 17:36	Microsoft Excel ...	1 KB
IEC_single_symbol.slk	2021/7/1 17:36	Microsoft Excel ...	1 KB
IEC_symbol.slk	2021/7/1 17:36	Microsoft Excel ...	1 KB
IEC_topology_symbol.slk	2021/7/1 17:36	Microsoft Excel ...	1 KB
IEC_topology_symbol_M20.slk	2021/7/1 17:36	Microsoft Excel ...	1 KB
IEC_topology_symbol_M50.slk	2021/7/1 17:36	Microsoft Excel ...	1 KB
IEC_topology_symbol_M100.slk	2021/7/1 17:36	Microsoft Excel ...	1 KB
NFPA_single_symbol.slk	2021/7/1 17:36	Microsoft Excel ...	1 KB
NFPA_single_symbol_en_US.slk	2021/7/1 17:36	Microsoft Excel ...	1 KB
NFPA_symbol.slk	2021/7/1 17:36	Microsoft Excel ...	1 KB
NFPA_symbol_en_US.slk	2021/7/1 17:36	Microsoft Excel ...	1 KB
OS_SYM_ESS.slk	2021/7/1 17:36	Microsoft Excel ...	1 KB
PID_ESS.slk	2021/7/1 17:34	Microsoft Excel ...	1 KB
PID_ESS_S50.slk	2021/7/1 17:34	Microsoft Excel ...	1 KB
SPECIAL.slk	2021/7/1 17:34	Microsoft Excel ...	1 KB
SPECIAL_en_US.slk	2021/7/1 17:34	Microsoft Excel ...	1 KB

MJ_symbol.slk

符号库 (*.slk)

保存(S)　　取消

图 3-9　定义符号库名称

图 3-10　符号库属性

图 3-11　新建符号

　　执行符号"新建"命令后,弹出"符号库选择"对话框,选择自己新建的符号库,如图 3-12 所示。

　　选择符号库后,生成目标变量,选择变量 A,如图 3-13 所示。

图 3-12　符号库选择

图 3-13　生成目标变量

单击"确定"按钮，弹出"符号属性"对话框，命名符号名称：三极常开主触点，在"功能定义"选项通过■按钮定义符号功能，如图 3-14 所示。

图 3-14 符号属性

在"功能定义"界面中选择符号功能定义，如图 3-15 所示。

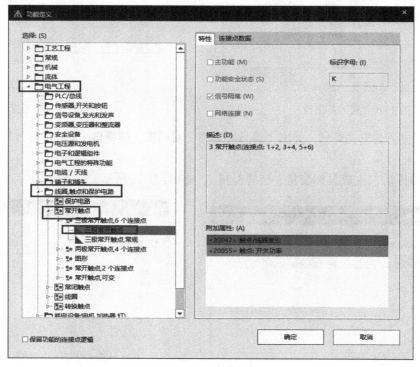

图 3-15 功能定义

功能定义完成后，在符号属性栏自动显示连接点数量，如图 3-16 所示。

图 3-16 连接点数量

单击"确定"按钮，进入符号编辑器界面。在符号编辑器界面，显示"符号编辑器"工具栏，如图 3-17 所示。

图 3-17 符号编辑器

在符号编辑器中打开"栅格"，在"中心点"
即"红色圆圈"处利用图形工具绘制符号图形，
依次添加"连接点上部"和"连接点下部"或按
〈Tab〉键调整连接点的方向，如图 3-18 所示。

注意：相邻连接点间的间距必须与符号库中断
路器的相邻连接点间距保持一致，否则当符号放置
在断路器下方时，符号之间不会自动连线。

单击"编辑"菜单栏，在符号功能里选择
"其它"中的"已放置的属性"命令，添加属性标
签。另外也可将单个常开触点已放置的属性复制到
新建的符号中，如图 3-19 所示。

属性放置完成后，A 变量已新建完成。执行

图 3-18　符号绘制

"编辑"→"符号"→"新变量"命令，新建 B 变量，如图 3-20 所示。

图 3-19　属性放置

图 3-20　新建变量

单击"确定"按钮，在"源变量"栏选择
"A 变量"，旋转 90°，勾选"旋转连接点代号"
选项，如图 3-21 所示。

单击"确定"按钮，在生成的新变量中调整
连接点属性标签的位置，如图 3-22 所示。

新建 C 变量与新建 B 变量类似，只不过是以
B 变量为源变量旋转 90°或者以 A 变量为源变量
旋转 180°生成。依次类推，直到生成 D 变量。

在生成 E 变量时是以 A 变量为源变量旋转
0°，勾选"绕 Y 轴镜像图形"选项，如图 3-23
所示。

图 3-21　生成新变量

图 3-22　B 变量

图 3-23　生成 E 变量

单击"确定"按钮，放置属性标签，调整中心点位置，如图 3-24 所示。

在生成 F、G、H 变量时与生成 B、C、D 变量类似，只不过 F 变量是以 E 变量旋转 90°，
勾选"旋转连接点代号"选项生成，如图 3-25 所示。

作为主回路触点符号需要在线圈下方生成映像触点，执行"编辑"菜单中的"新变量"

图 3-24 E 变量属性放置

命令，新建"接触器触点映像符号变量"。连接点代号可复制软件中单个触点的映像符号连接点代号，如图 3-26 所示。

图 3-25 生成 F 变量

图 3-26 映像符号变量

在原理图中插入新建的符号，首先执行"插入"→"符号"命令，弹出"符号选择"对话框，在左侧符号库列表的空白处单击鼠标右键，弹出"设置符号库"对话框，在该对话框中可添加"符号库"，如图 3-27 所示。

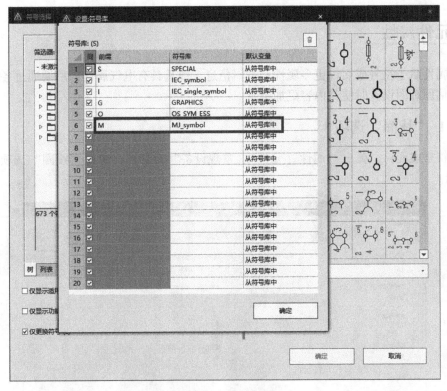

图 3-27　添加符号库

其次，选择新建的符号放置到原理图中，通过〈Tab〉键显示符号的 8 个变量，将触点与主功能线圈关联，查看映像触点显示，如图 3-28 所示。

图 3-28　插入新建符号

视频 3-2
符号库和
符号新建

3.3 元件属性

元件属性赋予符号或元件更多属性和逻辑信息，使其具有电气属性，后期通过各种报表和文档，评估原理图设计时使其内容更加丰富。

3.3.1 "线圈"选项卡

双击符号或元件，弹出"属性（元件）：常规设备"对话框，单击"线圈"选项卡，如图3-29 所示。

图 3-29 "线圈"选项卡

在"线圈"选项卡下显示了与此符号相关的属性，称为直接属性，它们描述了此符号具有的电气属性，如技术参数、功能文本、铭牌文本及安装地点等属性。

主功能为常规设备的主要功能，一个元件只能有一个主功能，这里的线圈为主功能，其余触点为辅助功能。只能给主功能元件进行选型，其他辅助功能元件不能选型。

在属性栏中单击"新增"按钮 + 添加相应的属性名称。

3.3.2 "显示"选项卡

"显示"选项卡主要用来定义属性的显示及显示样式，如图 3-30 所示。

"显示"选项卡中显示的属性名称都是在新建符号时添加的已放置属性，在原理图设计过

图 3-30　"显示"选项卡

程中可以新增或删除相应的属性，在"属性排列"下拉列表框中可选择"用户自定义"，单击
"保存"按钮，定义新的"属性排列"名称，如图 3-31 所示。

图 3-31　自定义属性排列

在"显示"栏的右侧可编辑属性的显示格式、字体、字号、颜色、方向、角度等信息。

"触点映像：在路径"用于需要在主功能设备的下方自动生成触点映像。例如，接触器触点在线圈下方的显示。映像触点在图框中的位置由图框属性中的"触点映像间距（路径中）"决定，如图 3-32 所示。

图 3-32 "在路径"位置

"触点映像：在元件"用于需要在主功能设备的侧方自动显示触点映像。例如，触点在电机保护开关右侧的显示。映像触点在符号右侧显示的位置由新建符号时的"映像触点（在元件）"属性位置决定，如图 3-33 所示。

图 3-33 "在元件"位置

3.3.3　"符号数据/功能数据"选项卡

"符号数据/功能数据"选项卡用于对元件符号的修改、逻辑功能定义及表达类型选择，如图 3-34 所示。

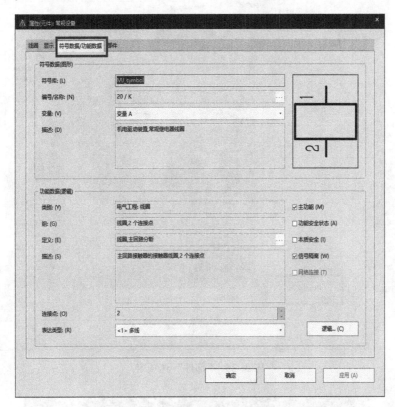

图 3-34　"符号数据/功能数据"选项卡

"符号数据（图形）"中主要是对元件符号的修改，可编辑的两项功能如下：

在"编号/名称"栏，单击▦按钮进入"符号选择"对话框，重新选择符号。

在"变量"的下拉列表框中选择 A~H 8 个变量，更改已经放置的符号变量。

"功能数据（逻辑）"中主要定义元件的逻辑功能，在"定义"栏，单击▦按钮进入 EPLAN 内部功能定义库，指定符号某一功能赋予电气逻辑。

在"表达类型"下拉列表框中有多个选项，在不同的功能应用中选择相应的选项。

3.3.4　"部件"选项卡

"部件"选项卡主要用来给符号或元件进行选型，指定部件编号。只有具备"主功能"的设备才有"部件"选项卡，如图 3-35 所示。

部件选型有两种：手动选型和智能选型。

手动选型：在部件编号下，单击▦按钮进入"部件库管理"，根据部件分类选择适合的部件型号。一个元件最多可以选择 50 个部件编号，其中可以包括这个元件的附件型号等信息。手动选型不能将符号功能与部件功能进行筛选匹配，选型比较慢、容易出错。

智能选型：单击"设备选择"按钮，软件会自动查找符号功能与部件功能模板相匹配的部件型号，这样可以帮助用户缩短部件查找时间，如图 3-36 所示。

图 3-35 "部件"选项卡

图 3-36 智能选型

3.3.5 其他选项卡

属性（元件）选项卡随着元件的功能定义不同而发生变化。当元件功能定义为"断路器"

时，选项卡为四个常规设备选项卡；当元件功能定义为"触点"时，选项卡为三个，少了一个"部件"选项卡，如图 3-37 所示。

视频 3-3
元件属性

图 3-37　其他选项卡

3.4　关联参考

关联参考表示 EPLAN 符号元件主功能与辅助功能之间的逻辑和视图连接。关联参考能根据"页名"及图框的"行号"或"列号"快速实现主功能与辅助功能的定位，并进行相互跳转。关联参考通常应用在中断点、常规设备和成对关联参考。

在项目设计之前，首先需要设置关联参考的显示格式，在后期项目设计中，软件会自动根据设置的格式生成关联参考。

3.4.1　中断点的关联参考

中断点主要用于属性完全相同的电线在不同图纸中的连接。一般在电源线处使用比较多。例如，主回路中的三相电源线及转化后的电源线，如图 3-38 所示。

中断点包括成对中断点和星型中断点。

成对中断点由源中断点和目标中断点组成，成对出现，属于一对一。在电源主回路应用比较多，通过执行"插入"→"符号"→"中断点"命令，将中断点放置在图纸右侧作为中断点源，在弹出的"属性（元件）：中断点"对话框中定义中断点名称为 L1，如图 3-39 所示。

在下一页图纸的左侧插入目标中断点，在弹出的"属性（元件）：中断点"对话框中"显示设备标识符"栏中输入项目名称 L1 或者单击"显示设备标识符"栏下的▣按钮选择中断点 L1。单击"确定"按钮，中断点 L1 自动完成关联参考，如图 3-40 所示。

图 3-38　中断点的使用

图 3-39　"属性（元件）：中断点"对话框

图 3-40　成对中断点关联参考

为了快速在中断点源和目标之间进行跳转，可通过按住〈Ctrl〉键同时鼠标单击【关联参考】完成跳转。另外也可通过选中中断点，单击鼠标右键，在弹出菜单中选择"关联参考功能"，选择"列表""向前"或"向后"完成跳转。

星型中断点中一个中断点源对应多个中断点目标，属于一对多。一般在直流电源端使用比较多，在一个电源点压接多根电源线，分别引用到不同页中。在源中断点的"属性（元件）：中断点"对话框中，勾选"星型源"选项，如图 3-41 所示。

在后续的不同页图纸中插入目标中断点，命名为 24VDC。在源中断点处显示其余中断点的关联参考，如图 3-42 所示。

图 3-41　星型中断点

图 3-42　星型中断点关联参考

视频 3-4
中断点关联参考

3.4.2　设备的关联参考

在项目设计过程中，同一个设备会出现在不同类型的图纸上，例如，多线、单线、总览及安装板，设备在不同类型的图纸上产生了关联参考。

在多线图中最常见的设备关联参考包括接触器与触点在路径的关联参考及电机保护开关与触点在元件的关联参考。

当触点与线圈的完整设备标识符一致时，两者自动进行关联并形成关联参考，其中触点为辅助功能，线圈为主功能。在触点的属性显示中自动显示主功能线圈的关联参考位置，在主功能线圈下方自动显示已关联的触点关联参考信息，如图 3-43 所示。

在实际项目设计过程中，通常需要在电机保护开关或热继电器等设备右侧显示辅助触点的关联参考信息。设置触点映像显示方式为"在元件"，将触点与电机保护开关关联后，在电机保护开关的右侧自动显示映像触点的关联参考信息。如果电机保护开关已选型，映像触点将自动显示部件型号的功能模板中的所有触点映像，如图 3-44 所示。

在项目设计过程中，一个设备会在不同类型的图纸中以不同形式显示，但是都是同一个设备，只是为了更好地表达原理及后期施工安装。在项目设计之初需要设计单线图进行原理示意，在多线图中需要详细显示设备之间的连接关系，在安装板布局中显示设备的空间安装位置。在不同类型的图纸中，使用同一个设备标识符的设备，可自动生成关联参考，如图 3-45 所示。

图 3-43　接触器与触点的关联参考

图 3-44　电机保护开关与触点的关联参考

图 3-45　单线图与多线图间的关联参考

3.4.3　成对关联参考

　　成对关联参考主要应用在带灯按钮等设备上，因为在主功能按钮右侧不能生成指示灯的映像，通常采用成对关联参考的方式进行显示。电机保护开关或断路器与辅助触点也可采用成对关联参考显示，不需设置"触点映像：在元件"，形成"成对触点"。

　　成对关联参考符号需要放置两次，以带灯按钮为例，第一次将指示灯符号放置在主功能按钮的右侧，取消主功能，插入点与主功能按钮插入点对齐，设置表达类型为"成对关联参考"，设置完成后指示灯显示为黄色，如图 3-46 所示。第二次将指示灯符号放置在原理图中进行原理设计，设备标识符与按钮标识符保持一致，如图 3-47 所示。

图 3-46　设置成对关联参考

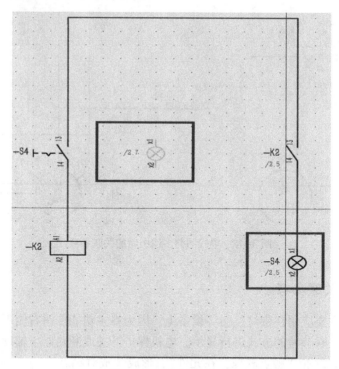

图 3-47   成对关联参考

3.4.4   关联参考/触点映像的显示

关联参考/触点映像的显示一般是在项目设计之初需设置好，在后期原理图设计过程中自动显示设置格式。通过执行"文件"→"设置"→"项目"→"关联参考/触点映像"命令进行设置，如图 3-48 所示。

图 3-48   关联参考/触点映像设置

"设置：常规"对话框中的关联参考/触点映像设置应用于整个项目，针对个别元件映像触点的显示格式修改，可通过其"属性（元件）：常规设备"中的"触点映像"选项卡中的选项进行修改，如图 3-49 所示。

视频 3-5
设备关联参考

图 3-49　个体设备触点映像设置

3.5　电线电缆

电线与电缆的区别在于电线是单根的散线，一般应用于柜内接线；电缆包含两根以上电线通过绝缘层和屏蔽层包裹在一起，一般应用于柜外和柜间的连线。电线有时也称为单芯电缆。

3.5.1　电线定义

在 EPLAN 软件中电线是自动连接的，通过电位定义点和连接定义点来定义电线。在第 2 章中已经介绍了电位定义点和连接定义点的使用方法。

通常在实际项目设计中从主电源或开关电源输出端的电线需要添加电位定义点，这样在等电位处显示的电线颜色都一致，不需要单个放置连接定义点进行电线颜色的修改。电位定义点定义电线的范围比较广，如图 3-50 所示。

连接定义点是连接中的最小单元，可修改单根连接电线的属性。通常线号的放置都采用连接定义点，如图 3-51 所示。

图 3-50　电位定义电线

图 3-51　连接定义电线

3.5.2　电缆定义

电缆通过"电缆定义"命令进行添加，电缆定义属于动态连接，将鼠标放置在电线左侧单击鼠标左键，拖拉电缆定义线横扫过想要赋予电缆芯线的电线，然后再次单击鼠标左键完成电缆定义，如图 3-52 所示。

在弹出的"属性（元件）：电缆"对话框中定义电缆标识符，填写电缆其他电气属性，如图 3-53 所示。

在实际项目设计中，经常会使用屏蔽电缆作为信号传输的媒介，屏蔽层要与电缆进行关联，并取消主功能，通常要接地

图 3-52　电缆定义

图 3-53　电缆属性设置

处理。通过菜单中的"插入"→"屏蔽"命令添加屏蔽层，如图 3-54 所示。

图 3-54　屏蔽电缆定义

3.5.3　线缆选型

在 EPLAN 软件中电缆是作为设备处理的，同样需要进行选型。电缆选型分为自动选型和手动选型。一般使用自动选型，自动选型可根据端子电位自动分配缆芯。

自动选型类似于设备选型中的智能选型，单击"设备选择"按钮（见图 3-55），软件自动筛选符号原理图中连接芯数的电缆，如图 3-56 所示。

单击"确定"按钮，电缆型号及相关参数写入电缆属性，软件自动将接地零线"GNYE"和屏蔽线"SH"分配到相应的缆芯处，如图 3-57 所示。

手动选型即在电缆属性中的"部件"选项卡下，单击"部件编号"下的▦按钮进入部件管理库中选择一个合适的电缆型号，单击"确定"按钮，从而将电缆编号及相关参数写入电缆属性中，如图 3-58 所示。

手动选型的电缆，需要手动对电缆进行编辑处理和调整才能正确分配电缆缆芯，如图 3-59所示。

图 3-55　设备选择

图 3-56　电缆自动选型

图 3-57　电缆自动分配缆芯

图 3-58　电缆手动选型

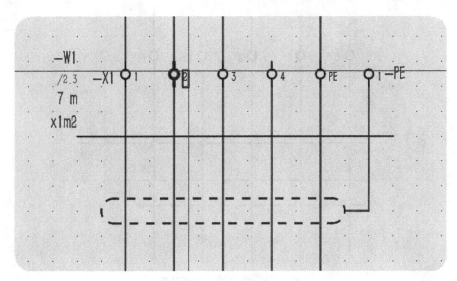

图 3-59　电缆手动分配缆芯

3.5.4　电线电缆处理

在 3.5.3 节中讲述了手动电缆选型时,电缆缆芯不能进行自动分配。通过执行"连接"→"电缆"→"全部重新分配"命令可对电缆缆芯进行自动分配,其中包括"保留现有属性"和"全部重新分配"两个子功能。

手动电缆选完型后,选中该电缆,单击"分配电缆连接"中的"全部重新分配"功能,软件自动完成缆芯的分配,如图 3-60 所示。

单击"全部重新分配"功能后,电缆缆芯将自动进行分配,如图 3-61 所示。

"保留现有属性"是当把电缆新缆芯分配给新连接线时不影响已分配的缆芯。当部分缆芯已分配给了连接,在新的连接中需要将剩余缆芯进行分配,并且保持原有缆芯分配不变,如图 3-62 所示。

图 3-60 电缆全部重新分配

图 3-61 电缆缆芯重新分配

图 3-62 电缆保留现有属性分配

在实际项目设计过程中，传感器及按钮接线盒设备等都是采用电缆与外部连接，而在原理图设计中这些设备两端都与端子相连，使用"拖拉"方式进行电缆定义比较麻烦，如图 3-63 所示。

图 3-63　单芯线电缆连接

通过将单芯线的连接改为电缆连接，为其分配一个现有的电缆名称或创建一个新电缆名称。在连接处添加"连接定义点"，在"属性（元件）：连接定义点"对话框的"属性"栏中选择"连接：归属：电缆"，通过单击"电缆/导管"栏下的"显示设备标识符"的 ▦ 按钮选择电缆缆芯，如图 3-64 所示。

视频 3-6
电线定义

图 3-64　连接分配缆芯

单击"确定"按钮后，连接定义点转换为电缆连接，如图 3-65 所示。

图 3-65 连接转为电缆连接

以上三种电缆处理方法在实际项目中经常会用到，灵活应用会给项目设计带来快捷及方便。

3.5.5 电线电缆编辑

在项目设计过程需要调整电缆芯连接顺序，可通过电缆"编辑"功能进行调整。执行"连接"→"电缆"→"编辑"命令或在电缆导航器中选中电缆右键选择"编辑"，弹出"编辑电缆"对话框，如图 3-66 所示。

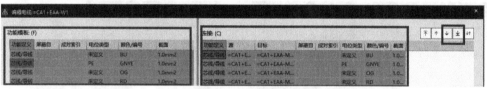

图 3-66 电缆编辑

通过单击 按钮可上下移动连接到指定的电缆芯，当右侧连接与左侧电缆功能模板中的缆芯对应起来时，电缆芯被赋予该连接。同时两个连接之间可通过 进行互换。这样在实际项目中可灵活调整缆芯的连接，如图 3-67 所示。

图 3-67 电缆缆芯互换

3.5.6　电线电缆编号

电线编号作为指导工艺接线及后期设备维护的重要依据，在原理图设计完成后对所有连接电线进行统一编号，在 EPLAN 软件中用户可自定义编号规则，如图 3-68 所示。

图 3-68　电线编号

在电线编号之前，首先对线号的图形格式及编号规则进行设置。在"文件"→"设置"→"项目"→"项目名称"→"连接"→"连接编号"选项中，单击"配置"栏后的 ⊞ 按钮可自定义编号名称，在"筛选器"选项卡中勾选编号的"行业"和"功能定义"，如图 3-69 所示。

图 3-69　连接编号配置

在"设置：连接编号"对话框中，单击"放置"选项卡，设置线号放置的图形，通过单击"编号/名称"后的█按钮选择放置图形，有些用户不想显示斜线，可在此处选择无图形符号，如图 3-70 所示。

图 3-70　设置"放置"选项卡

在"名称"选项卡中设置线号的命名规则，通过⊞按钮添加多个编号规则，如图 3-71 所示。

图 3-71　添加编号规则

单击"名称"选项卡中 + 按钮，弹出"连接编号：格式"对话框，在"连接组"下拉列表框中选择预定义的连接组；在"范围"下拉列表框中选择编号范围；在选定的"连接组"下方选择该连接组的"可用的格式元素"添加到右侧"所选的格式元素"窗口中，如图 3-72所示。

图 3-72　连接编号格式设置

通常希望在与 PLC 连接处的线号能显示 PLC 的地址，可将"对象数据（连接组建立在该对象的基础上）"元素添加到右侧栏中，选择"PLC 地址"类型，如图 3-73 所示。

图 3-73　以 PLC 地址为线号

　　编号规则为连接编号的重点，合理的编号规则能给原理图设计带来事半功倍的效果，使原理图的编号规则更加科学、合理。编号规则因公司和项目而异，每个公司都有自己的编号规则，有时项目也需要对线号规则做相应的修改。一般情况下，"名称"选项卡下的命名规则主要包括与电位连接点相连的连接、与中断点中断的连接、与 PLC 连接点相接的连接、常规连接等，如图 3-74 所示。

图 3-74　常用编号规则

　　在"显示"选项卡中设置线号的颜色、字号、位置等格式信息，如图 3-75 所示。

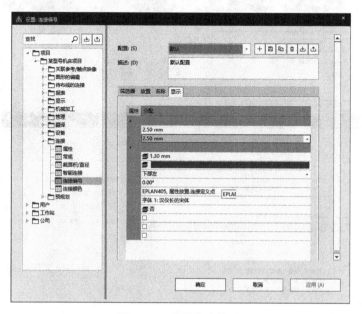

图 3-75　线号格式设置

通过"间隔"选项的"水平""垂直"数据设置线号与电线的接近距离，如图 3-76 所示。

图 3-76　线号间隔设置

选中要进行电线编号的项目及图纸，执行"连接"→"放置定义点"命令，在弹出的对话框中的"设置"下拉列表框中选择相应的配置，勾选"应用到整个项目"选项，如图 3-77 所示。

图 3-77　放置连接定义点

单击"确定"按钮后，在原理图的电线连接处显示"????"，如图 3-78 所示。

图 3-78　线号放置

在线号"放置"完成后，选择项目名称或图纸页，执行"连接"→"说明"命令，弹出"对连接进行说明"对话框，如图 3-79 所示。

图 3-79　"对连接进行说明"对话框

勾选"结果预览"选项，单击"确定"按钮，软件自动应用前面设置中的连接点定义图形、编号规则及线号显示格式内容，自动完成电线编号，如图 3-80 所示。

图 3-80　筛选器设置

在项目设计过程中，当复制项目图纸或调用宏电路时，会导致电缆序号未按顺序排列或者电缆的编号规则不一致，所以需要对电缆进行重新编号。

通过执行"连接"→"电缆"→"编号"命令或在电缆导航器中单击右键选择"电缆设备标识符编号"。在原理图中或电缆导航器中选择电缆，执行"编号"命令，在"对电缆编号"对话框中设置电缆编号的规则、起始值及增量并勾选"结果预览"选项，如图 3-81 所示。

单击设置选项后的 按钮进入"设置：电缆编号"界面，在"配置"栏可新建编号名称，在"格式"的下拉列表框中选择想要的编号格式，单击"确定"按钮，如图 3-82 所示。

图 3-81　电缆编号

图 3-82　电缆编号设置

在"设置"的下拉列表框中选择新的编号规则后，单击"确定"按钮，在预览对话框中可查看电缆编号格式，如图 3-83 所示。

视频 3-7
电缆电线编号

图 3-83 电缆编号预览

3.6 生成报表

报表是将项目数据以图形或表格的方式输出，用于为评估原理图的设计及后期项目施工提供指导依据。在 EPLAN 软件中报表主要包括自动式报表和嵌入式报表，另外企业可以将经常使用的报表做成模板，通过一键自动生成。报表数据可以通过选项卡方式进行导出供第三方数据使用。

3.6.1 报表类型

EPLAN 软件中包含了 45 种报表，执行"工具"→"报表"→"生成"命令可查看报表类型，如图 3-84 所示。

在弹出的"报表"对话框中，单击 + 按钮，如图 3-85 所示。

在弹出的"确定报表"对话框中，可以看到 EPLAN 软件中包含的报表类型，如图 3-86 所示。

图 3-84 报表路径

图 3-85 报表类型查看

图 3-86 报表类型

通常项目设计中这 45 种报表不可能都用到，常用的几种报表类型包括标题页/封页、目录、部件汇总表、部件列表、插头总览、插头图表、插头接线表、端子总览、端子图表、端子接线表、电缆总览、电缆图表、电缆连接图表、连接列表、箱柜设备清单等。

3.6.2　报表设置

报表的设置路径有两种，一种是在"文件"→"设置"→"项目（项目名称）"→"报表"中设置，如图 3-87 所示。

图 3-87　报表设置 1

另一种是执行"工具"→"报表"→"生成"命令后，在"报表"选项卡的右下方"设置"栏中进行配置，如图 3-88 所示。

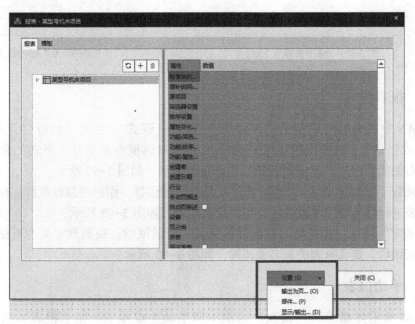

图 3-88　报表设置 2

以上两种方法对报表的设置都具有异曲同工之效，在实际项目设计中第二种方法比较方便，可通过设置直接查看报表的生成情况。

在"设置"下拉列表的"输出为页"中设置报表输出的格式及报表内容的修改，如图 3-89 所示。

"设置"下拉列表的"部件"选项用来定义在生成报表时如何处理部件，主要包括部件在报表中的汇总和显示。在部件统计过程中有时会发现没有端子部件，那是因为端子部件后面的数值未勾选，如图 3-90 所示。

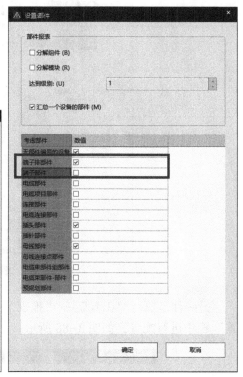

图 3-89 输出页设置
图 3-90 部件设置

3.6.3 报表生成

在 EPLAN 中报表的生成包括"手动式"和"一键式"生成。执行"工具"→"报表"→"生成"命令，在弹出的"报表-项目名称"对话框中显示有"报表"和"模板"两个选项卡及右侧属性窗口。单击 + 按钮，选择报表类型，如图 3-91 所示。

单击"确定"按钮，进入"设置-部件汇总表"对话框，用户可根据软件提供的默认配置对生成的报表进行筛选排序等设置，也可自定义配置，如图 3-92 所示。

单击"确定"按钮，在弹出的"部件汇总表"对话框中，根据预定义的页结构，选择报表生成的归属结构，定义报表的页名及描述，如图 3-93 所示。

3.6.4 手动报表

如图 3-85 所示界面中的"报表"选项卡即手动生成报表，在"报表"选项卡下包含"页"和"嵌入式报表"两个文件夹。"页"文件夹中主要包含以图纸页形式输出的报表；

"嵌入式报表"文件夹中主要包含手动放置的嵌入式报表，例如，箱柜设备清单报表。

图 3-91　报表类型选择　　　　　　　　　　　图 3-92　报表的筛选/排序设置

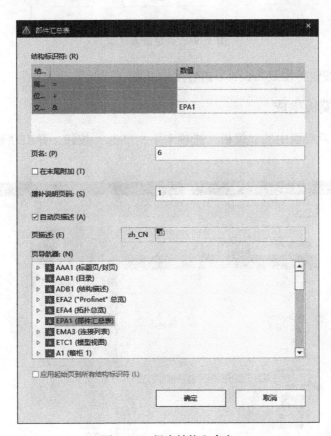

图 3-93　报表结构和命名

在"报表"选项卡下，单击 + 按钮，通过"输出形式"的下拉列表框设置输出为"页"或"手动放置"，选择想要生成的报表类型。"当前页"和"手动选择"选项主要用于"嵌入式报表生成"，如图 3-94 所示。

图 3-94　确定报表界面

单击"确定"按钮，按照 3.6.3 节内容生成报表。

3.6.5　根据模板生成

在如图 3-95 所示界面中的"模板"选项卡下，单击 + 按钮，弹出"确定报表"对话框，选择一种报表类型。

图 3-95　报表模板设置

模板生成报表与手动生成报表不同的是，模板不会立即生成报表，而是将所需的所有报表类型及进行相关设置保存在"模板"选项卡下。单击"报表-项目名称"对话框中的"生成报表"按钮，快速生成项目所需的报表，如图 3-96 所示。

视频 3-8
报表

图 3-96　生成模板报表

3.6.6　导出 Excel 格式

报表是将项目数据以图形形式输出，另外也可将项目数据以 Excel 格式导出，使用第三方程序打开并编辑，该方法称为"标签"。

执行"文件"→"导出"→"制造数据"→"标签"命令，如图 3-97 所示。

图 3-97　标签路径

在"导出制造数据/输出标签"对话框中，设置输出报表类型、语言及目标文件保存路径，如图 3-98 所示。

图 3-98　"导出制造数据/输出标签"对话框

在"导出制造数据/输出标签"对话框中，单击"设置"后的▥按钮，进入"设置：制造数据导出/标签"对话框，如图 3-99 所示。

图 3-99　"设置：制造数据导出/标签"对话框

在"设置：制造数据导出标签"对话框的"文件"选项卡中设置输出文件类型，包括文本、XML 和 Excel 格式文件；指定目标文件的保存路径；选择 Excel 输出的标签模板。

在"表头""标签""页脚"选项卡中添加格式元素，与 Excel 标签模板中列名称进行一一对应，如图 3-100 所示。

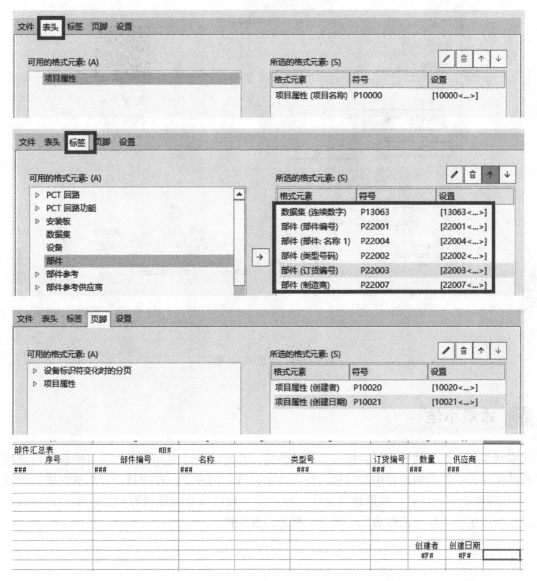

图 3-100 Excel 标签模板

其中"#H#"代表"表头"中要显示的数据元素；"###"代表"标签"中的数据元素；"#F#"代表"页脚"中的数据元素。

设置完成后，在"导出制造数据/输出标签"对话框，激活"导出并启动应用程序"和"应用到整个项目"选项。单击"确定"按钮，软件自动生成 Excel 格式的部件汇总表，如图 3-101 所示。

视频 3-9
报表导出

图 3-101　导出 Excel 格式

3.7　本章小结

　　本章主要介绍了软件中的功能点及设置信息，在新建项目时如何选择项目模板及后期项目模板的保存，在图形编辑器中如何插入符号及新建符号的步骤。在项目设计之前应进行关联参考/映像触电的相关设置，在原理图设计过程中需要对电线及电缆进行定义及编辑，项目设计完成之后应生成相应工艺报表用于指导后期施工及生产。

第4章 小车送料电气控制系统

小车送料电气控制项目以外部电机和柜内 PLC 为主要设备，通过各种按钮和传感器设备的信号反馈完成整个系统的运行。本章通过该项目重点介绍项目结构层级的定义、黑盒/结构盒在项目中的应用、端子排的编辑以及面向对象的设计方法。

4.1 项目属性和新建

4.1.1 项目模板

首先"新建"项目，单击菜单"文件"→"新建"命令，如图 4-1 所示。

在弹出的"创建项目"对话框中定义"项目名称"为"小车送料电气控制项目"，如图 4-2 所示。

图 4-1　项目新建

图 4-2　项目名称定义

项目保存位置应设置在非系统盘目录下，在软件安装过程或软件设置中修改默认保存路径，以防止系统出现问题，无法恢复项目。

单击"模板"后面的 按钮，选择"IEC_bas001.zw9"。"EPLAN 基本项目"可以修改页结构，在还未确定企业模板之前，项目的层级结构需要不断修改，如图 4-3 所示。

勾选"设置创建日期"和"设置创建者"，创建日期通过后面 ⏷ 按钮进行调整，创建人名称直接输入，如图 4-4 所示。如果原理图采用 EPLAN 默认图框，在图框标题栏处将显示项目创建日期及创建人名称。

图 4-3 项目模板选择

图 4-4 设置创建日期及创建者

单击"确定"按钮，软件自动导入模板设置，如图 4-5 所示。

4.1.2 项目属性

在导入项目模板完成后，弹出"项目属性：小车送料电气控制项目"对话框，如图 4-6 所示。

图 4-5 导入项目模板

图 4-6 "项目属性：小车送料电气控制项目"对话框

在"属性"选项卡中可以添加新属性和删除不需要的属性。例如，可以在项目中添加"审核人"和"审核日期"属性，删除"代理""环境因素"等不相关属性，使项目属性中属性名称满足现有项目的需要及报表和图框标题栏中的数据调用，这些在 2.6 节特殊文本中已有介绍，如图 4-7 所示。

图 4-7　项目属性修改

如果在属性添加栏中不能找到想要的属性名称，例如，校对者及校对日期。可以利用"用户增补说明"进行代替，如图 4-8 所示。

图 4-8　添加"用户增补说明"属性

由于添加的"用户增补说明"属性名称没有具体的功能名称，不利于后期查看及调用，需要将"用户增补说明"修改为想要显示的属性名称，例如，校对者和校对日期。执行菜单"工具"→"管理"→"属性"命令，如图4-9所示。

图4-9 属性配置

在弹出的"配置属性"对话框中，修改"Project"文件夹下的"UserSupplementaryField1"和"UserSupplementaryField2"属性名称。在"显示名称"栏填写"校对者"，如果"校对者"为多个人，可以设置下拉列表框，在"选择列表默认值"中输入下拉人员名称，如图4-10所示。切记一定要在"Project"文件夹下，因为这两个"用户增补属性"属性名是属于工程属性下的。

图4-10 属性名称修改

属性名称修改完成之后，打开"项目属性"对话框，查看"用户增补说明"修改后的名称，如图4-11所示。

图4-11 用户增补说明修改

在"项目属性"中有个"项目类型"属性名，在该属性的下拉列表框中包括原理图项目和宏项目。当进行项目原理设计时，需要将项目类型为"原理图项目"；当需要批量将项目中的电路保存为"宏"时，需要将项目类型设置为"宏项目"，如图 4-12 所示。

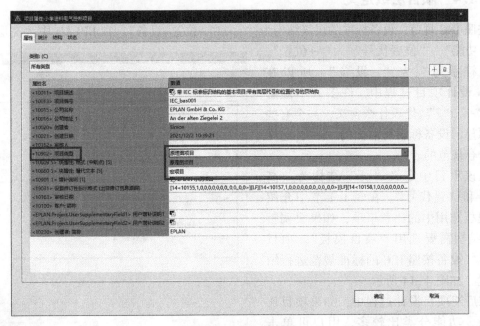

图 4-12　项目类型

4.1.3　项目结构

设置完成项目属性之后，需要设置项目结构，单击"项目属性"对话框中的"结构"选项卡，如图 4-13 所示。

图 4-13　项目结构

"项目结构"的设置只针对项目中的"页"和其他"设备"的显示设备标识符结构，在导航器中查看各种设备时，是以该处设置的结构显示的。

4.1.4 项目层级定义

按照 IEC 规范，设备标准的层级结构为"＝功能＋位置－设备"。在 EPLAN 中"高层代号"为"＝功能"，"位置代号"为"＋位置"，"标识符字母"为"－设备"，所以在 EPLAN 设计项目过程中，许多人不理解"＝""＋""－"代表什么含义，甚至有些人不愿显示设备标识符前面的"－"，这样是不符合规范的。

在该项目中定义"页"结构为"高层代号和位置代号"。在 3.1.1 节中介绍了在模板选用中的注意事项，如果要调整"页"结构需要选用"项目模板"。项目中的电气设备按照 IEC 的标准规范进行结构设置，如图 4-14 所示。

在后期项目设计过程中，如果项目比较复杂，功能分类比较多。用户可单击"其他"按钮，自定义项目结构及名称，如图 4-15 所示。通常情况下，高层代号和

图 4-14 项目层级定义

位置代号结构足以满足客户上千张图纸的设计，如果结构太复杂，反而会给项目设计带来不便。

图 4-15 自定义项目结构

视频 4-1
新建项目

4.1.5　结构标识符管理

完成项目属性设置后，需要对项目功能结构及位置组成进行划分。项目规划对项目后期设计很重要，合理的项目结构划分，可以帮助工程师快速、清晰地完成整个项目的原理设计。在后期图纸修改和设备维护时，也能快速定位图纸和现场安装设备。

项目功能划分主要依据是系统由几个功能模块组成。小车送料项目的主要功能（高层代号）包括封面、目录、PLC 总览、总电源供给、电机单元、小车 A 点位置及物料检测、小车 B 点位置及物料检测、报表等内容。

位置的划分主要以项目中设备所处的主要位置决定。位置代号包括柜内、柜外、按钮接线盒。

项目结构确定之后，需要在软件中确定项目结构的名称及描述。选择菜单"工具"→"管理"→"结构标识符管理"功能，如图 4-16 所示。

图 4-16　结构标识符管理功能

在弹出的"结构标识符管理"对话框中，首先选中左侧的"高层代号"选项，单击右侧的 ⊞ 按钮，添加高层代号的名称及描述，如图 4-17 所示。

图 4-17　结构标识符管理

将规划的功能名称添加到高层代号栏中，功能"名称"可以采用字母缩写，尽量简短，这个会影响设备设备标识符的显示长度。"结构描述"可以填写功能的文字描述，相当对名称字母的功能介绍，如图 4-18 所示。

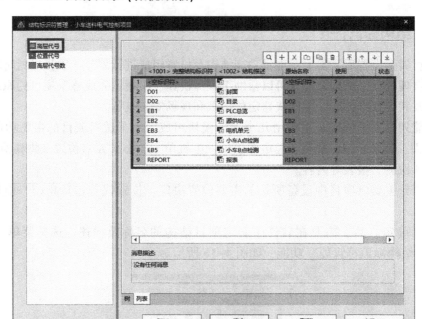

图 4-18　高层代号定义

同理，在结构标识符管理器中定义位置代号，如图 4-19 所示。

视频 4-2
结构标识符

图 4-19　位置代号定义

4.2　原理图绘制

4.2.1　文本

在原理图设计过程中经常使用文本功能，文本包括普通文本和功能文本。普通文本主要应用于图纸内部的说明性文字，不体现设备在项目中的电气属性；功能文本主要应用在回路功能说明和设备功能介绍。

通常在项目设计之前需要在 PLC 的总览图中定义 PLC 的输入输出点及功能文本描述。

单击左侧项目名称，鼠标右键单击"新建"，如图 4-20 所示。

在弹出的"新建页"对话框中，定义 PLC 总览图的页结构，选择结构标识符管理器中定义的高层代号"EB1"和位置代号"ET"，如图 4-21 所示。

图 4-20 页新建

图 4-21 PLC 总览页结构定义

单击"确定"按钮后，在"页类型"下拉列表框中选择"总览（交互式）"，"页描述"中填写"PLC 总览"，如图 4-22 所示。

单击"确定"按钮后，打开 PLC 总览图纸，绘制 PLC 盒子，添加 PLC 数字量输入输出点。在"属性元件：PLC 端口及总线端口"界面中的"功能文本"栏填写 IO 点的功能描述，如图 4-23 所示。

图 4-22 PLC 总览图纸

图 4-23 PLC 功能文本

将项目中 PLC 的功能文本添加完成后，通过移动某一个 IO 点的属性文本位置，利用"复制格式" 、"应用格式" 功能应用，使其他 IO 点都能和第一个 IO 点相同，如图 4-24 所示。

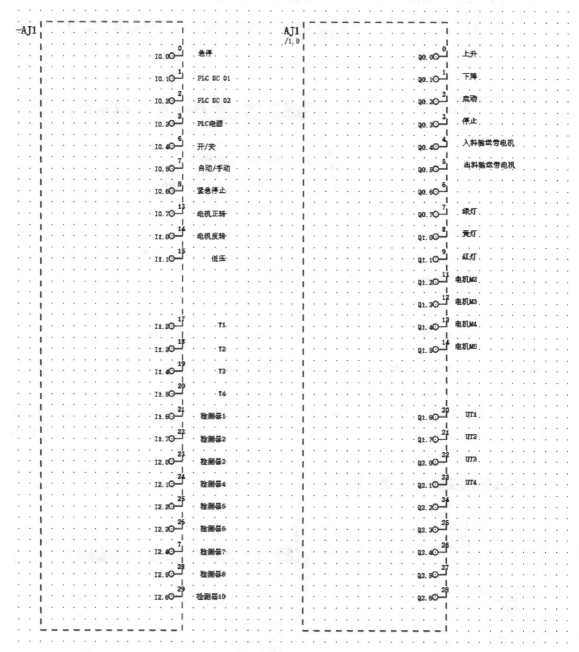

图 4-24 PLC 总览

在总电源图纸中外部电源的供给有两种绘制方法，一种是添加电位连接点；另一种就是绘制黑盒，在黑盒内容可添加普通文本说明，如图 4-25 所示。

图 4-25　普通文本应用

4.2.2　黑盒

黑盒在项目中经常被用作非标设备符号,这些设备没有标准的符号,软件符号库中也没有自带,在项目中也是临时使用,所以可以通过黑盒进行代替。如果该设备经常在项目中使用,建议还是建成符号比较方便。

在直流电源供给电路中的整流器设备,可以通过黑盒进行绘制。单击工具栏"插入"菜单,在设备里找到 黑盒和设备连接点,绘制矩形框,如图 4-26 所示。

图 4-26　黑盒绘制

整流器内部图形可放置符号库中的符号，但是必须将符号的"表达类型"修改为"图形"，如图 4-27 所示。

图 4-27 整流器内部图形

完成内部图形添加后，添加黑盒"设备连接点"，输入连接点代号，如图 4-28 所示。

图 4-28 设备连接点添加

完成所有"设备连接点"添加后，定义黑盒功能。单击"黑盒"主功能，在"符号数据/功能数据"选项卡中定义黑盒功能为"整流器，可变"，如图 4-29 所示。

图 4-29　黑盒功能重新定义

黑盒制作完成，由于黑盒、设备连接点及内部图形都是分散的，在移动黑盒只能移动单个对象，需要将黑盒的各个元素进行组合，方便设计的应用。选中黑盒所有元素，选择"编辑"→"组合"功能，如图 4-30 所示。

图 4-30　黑盒元素组合

组合后的黑盒如要修改"设备连接点"修改，按【Shift】键，双击设备连接点，即可修改相应属性。

采用黑盒绘制的直流电源供给电路如图 4-31 所示。

视频 4-4
黑盒

图 4-31　直流供给电路

4.2.3　结构盒

在电机单元的主回路电路中，图纸上的所有设备都归属于高层代号：电机单元和位置代号：柜内。按照实物的具体位置，电机应该属于柜外设备，通过"结构盒"可以将该页图纸中的个别设备进行位置归属。在未进行"结构盒"框选之前，电机的完成标识符显示为"=EB3+ET-M1"，如图 4-32 所示。

图 4-32　结构盒框选之前

单击插入栏中的 按钮，绘制"结构盒"矩形图形，框选电机符号，选择位置代号为"GW"，定义功能文本"柜外"，如图 4-33 所示。

结构盒与黑盒、PLC 盒子等不同。结构盒只是归属设备位置的一种功能示意，虽然具有设备标识符名称，但是它不是设备，不能进行选型。黑盒和 PLC 盒子都属于设备，可以进行选型。使用"结构盒"框选电机之后，电机的位置代号变为"+GW"，如图 4-34 所示。

图 4-33　结构盒属性

视频 4-5
结构盒

图 4-34　结构盒框选之后

4.2.4　连接颜色修改

在项目设计过程中，三相电源线颜色、直流电线颜色以及控制电线颜色要进行颜色更改，这样有利于图纸设计过程中对设备连接的电线信号进行核对。在该项目中需要对电线颜色做如下定义，如图 4-35 所示。

主断路器前导线颜色

黑色（覆橙色管）　　　　　　　　　　交流和直流动力电路

浅蓝色（覆橙色管）　　　　　　　　　中线导线（N）

红色（覆橙色管）　　　　　　　　　　交流控制电路

主断路器后导线颜色

黑色　　　　　　　　　　　　　　　　交流和直流动力电路

黄绿色　　　　　　　　　　　　　　　保护导线（PE）

浅蓝色　　　　　　　　　　　　　　　中线导线（N）

红色　　　　　　　　　　　　　　　　交流控制电路

蓝色　　　　　　　　　　　　　　　　直流控制电路

橙色　　　　　　　　　　　　　　　　由外部电源供电的连锁控制电路

图 4-35　导线颜色定义

在总电源供给图纸，需要将三相交流电源修改为黑色，电源端的连接颜色修改通过添加"电位定义点"进行修改，定义电位名称为"L1"，修改"连接图形"栏中的"颜色"为"黑色"，如图 4-36 所示。

图 4-36　电位定义点连接颜色修改

对于控制回路中电线颜色的修改，可以放置"连接定义点"，修改方法与"电位定义点"修改方法一致。颜色修改完成之后，单击连接菜单栏中的"更新" <u>更新</u> 按钮，图纸中自动显示修改后的电线颜色，如图 4-37 所示为总电源供电回路。

视频 4-6
颜色修改

图 4-37　总电源回路电线颜色修改

4.2.5　智能连接

在原理设计过程中，为了在移动符号时让电线仍能保持自动连接，需要在编辑菜单栏中激活"智能连接" 功能。在电机主回路电路中，当向右移动 KM2 触点时，如果未激活"智能连接"，显示如图 4-38 所示。

当激活"智能连接后"，符号向右移动后连接仍然保持不变，如图 4-39 所示。

图 4-38　未激活智能连接　　　　　图 4-39　激活智能连接

当激活"智能连接"功能后，剪切电路中某个设备，将该设备粘贴到其他地方时，软件自动插入中断点，并且自动编号，设备之间的连接没有发生变化。将电机主回路中的热继电器进行剪切，将其粘贴到图纸左侧，如图 4-40 所示。

视频 4-7
智能连接

图 4-40 设备剪切后的智能连接

4.2.6 连接与连接定义点的区别

在 EPLAN 项目设计中，所有的连接都是自动完成的，只需将符号进行对齐放置，软件可自动进行连接。连接的颜色及属性定义通过添加连接定义点进行编辑，如图 4-41 所示。

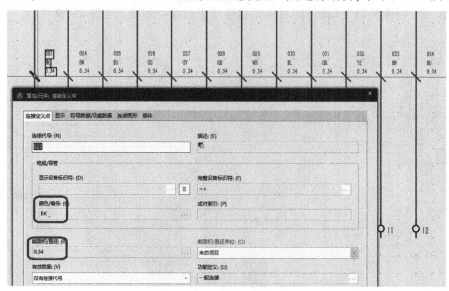

图 4-41 连接定义点

当要查看项目中设备间的连接关系时，可以通过"连接导航器"进行查看。在连接导航器包括所有连接的"源"和"目标"以及定义的连接颜色等信息，如图 4-42 所示。

视频 4-8
连接与
连接定义

图 4-42　连接导航器

4.3　端子及端子排设计

端子排是由一组端子构成，主要用来管理该组中所有端子的部件和功能模板。端子属于端子排中的辅助功能，每个端子也可以定义为主功能进行选型，在"符号数据/功能数据"中定义自己的功能。实物端子及端子排如图 4-43 所示。

图 4-43　端子组成的端子排

4.3.1　端子创建和放置

在项目设计过程中，端子比较特殊，需要提前在端子导航器中进行预设。在预设过程中，规划好项目中所用到的几组端子排功能。在该项目中，需要预设的端子有：交流电源端子、24 V电源端子、电机接线端子、A 点信号端子及 B 点信号端子。在 EPLAN 软件的"插入"菜单下有"端子排定义"功能，该功能就是用来表示每个端子排的具体使用功能。

在"设备"菜单中打开"端子排"导航器，单击鼠标右键选择"新建端子（设备）"选项，在该选项中可批量添加端子及进行端子选型，如图 4-44 所示。

图 4-44　新建端子排（设备）

弹出"生成端子（设备）"对话框，首先预设"交流电源端子"，在"完整设备标识符"栏输入"=EB2+ET-X1"，如图 4-45 所示。

生成端子(设备) *		×
完整设备标识符: (F)	=EB2+ET-X1	
编号式样: (N)		
部件编号: (P)		...
部件变量: (A)		▼
新功能的数量: (U)	0	
□ 基于端子层进行编号 (M)		
	确定	取消

图 4-45　端子完整设备标识符输入

如果是单层端子，在"编号式样"栏输入"1-10"，代表有 10 个端子。如果是多层端子，输入"1a，1b，1c，2a-10c"，代表 10 个多层端子，如图 4-46 所示。

单击"部件编号"栏后的▣按钮，进入"部件管理器"界面，选择合适的功能模板部件，如图 4-47 所示。

选择端子部件后，单击"确定"按钮，在"部件变量"和"新功能的数量"栏自动显示设置的数据，如图 4-48 所示。

图 4-46　编号式样输入

图 4-47　端子部件选型

单击"确定"按钮,在"端子排"导航器中自动生成预设的端子,如图 4-49 所示。

A 生成端子(设备) *		×
完整设备标识符: (F)	=EB2+ET-X1	
编号式样: (N)	1a,1b,1c,2a-10c	
部件编号: (P)	D-UK4/10	...
部件变量: (A)	1	▾
新功能的数量: (U)	30	
☐ 基于端子层进行编号 (M)		
	确定	取消

图 4-48　生成端子数据

完成端子排预设后，需要添加"端子排定义"。"端子排定义"是非常重要的一个功能，即该端子排的功能定义，类似项目中的"交流电源端子"对端子排功能的说明。在生成端子排图表时，会显示该端子排的功能文本。在"端子排定义"属性对话框中，可自定义生成端子图表和设备接线图的模板格式，与项目中设置的端子图表及设备接线图模板形成差异化。

选中"X1"端子排标识符，鼠标右键选择"生成端子排定义"，如图 4-50 所示。

图 4-49　生成预设端子

图 4-50　生成端子排定义

在弹出的"属性（元件）：端子排定义"对话框中的"功能文本"栏填入"交流电源端子"，如图 4-51 所示。

图 4-51　端子排功能定义

单击"确定"按钮，在端子排导航器中显示 X1 的"端子排定义"，如图 4-52 所示。按照同样方式，预设项目中的其余端子排，如图 4-53 所示。

图 4-52　端子排定义

图 4-53　项目中预设的端子排

打开电机主回路原理图，在电机上端插入"电机端子"，从"电机接线端子排"导航器中将"端子排定义"拖放到电机的左上端，如图4-54所示。

图 4-54 电机接线端子排定义

在电机与热继电器之间插入端子，选中 X3 端子排下的 1、2、3、4 号端子可批量进行插入。将选中的端子拖放到左侧连接线上，然后单击鼠标左键向右横拉一条线，快速地将端子插入到电机上端，如图4-55所示。

图 4-55 批量插入端子

　　在端子排导航器中，已放置的端子前端的"主功能" 标记自动显示出来，未放置的端子"主功能"标记为凹陷状态，如图 4-56 所示。这一功能在后期检查图纸中未放置的端子时非常有用。

图 4-56　图纸中已放置的端子

在图纸中将与电机 PE 端相连接的 4 号端子"电位类型"修改为"PE"，如图 4-57 所示。

图 4-57　修改端子的电位类型

端子连接类型的修改将影响电位的传递，软件自动将 PE 端子连接的电线颜色修改为黄绿色，如图 4-58 所示。

图 4-58　电线颜色的修改

图纸中其他端子的插入方法与电机端子插入方法一致，在图纸中进行批量或单个插入，如果是 PE 端子，则将端子的"电位类型"修改为"PE"，也可以将 PE 端子的功能定义修改为 PE 端子类型，将端子名称修改为"PE"，如图 4-59 所示。

视频 4-9
端子排定义

图 4-59　PE 端子的属性修改

4.3.2　分散式端子

在项目原理设计过程中，端子的种类很多，有普通 2 个连接点的端子，也有 3 个和 5 个连接点的单层端子，这种端子一般应用在电源接线，如图 4-60 所示。

图 4-60　多接线点单层端子

　　如果将 3 个以上连接点的端子绘制成一个符号，在图纸设计中必然引用大量的"中断点"进行跳转连线，给图纸的阅读带来不便。这种端子在设计过程中可以采用"分散式端子"设计，第一个放置的接线点端子为主功能，其他连接点的端子为辅助功能。在端子排导航器中，将 24 V 电源端子设置为"分散式端子"，在端子选型界面中选择"4 个连接点"的端子型号，如图 4-61 所示。

图 4-61　生成分散式端子

　　将端子排导航器中预设的 24 V 电源端子，拖放到图纸中，按〈Backspace〉键可选择分散式端子符号，如图 4-62 所示。

图 4-62　分散式端子放置

在生成的端子中，"a"点端子为主功能，其他点的端子为辅助功能，但都是 X2 中的 1 号端子，属于同一个设备，如图 4-63 所示。

图 4-63　主端子与辅助端子

4.3.3　端子跳线

在项目设计过程中，往往需要将电源端子或等电位端子进行跨线连接，这些连接可通过跳线或鞍形跳线进行连接，主要取决于端子的功能。如果端子为常规端子，端子间的连接自动生成跳线连接。如果端子为带鞍形跳线端子，则自动生成鞍形跳线。

在端子排导航器中设置端子排 X1 前 5 个端子为常规端子，在图纸中进行跳线连接，在端子编辑器中显示为"跳线内部"连接，如图 4-64 所示。

图 4-64　常规端子跳线

将 X1 端子排的后 5 个端子设置为带鞍形跳线的端子，在图纸中进行跳线连接，在端子编辑器中显示为"鞍形跳线（内部）"连接，如图 4-65 所示。

在进行鞍形跳线时，可以在端子排编辑器中直接进行手动跳线，在图纸中不用进行连接，而端子排图表中会自动显示跳线连接，如图 4-66 所示。

4.3.4　端子编辑

在原理图设计过程中，经常需要对端子进行编号、重命名、移动、添加附件和删除等操作。这些操作可在"编辑端子排"对话框中进行，4.3.3 节讲到的端子手动鞍形跳线就是在端子排编辑器中操作的。

在项目设计时，有时会将图纸中个别端子进行删除，导致端子排导航器中的端子序号不连续，例如，将 X1 端子排的 3、4 号端子删除，选中 X1 端子排，鼠标右键"编辑"，如图 4-67 所示。

图 4-65　鞍形端子跳线

	连接沿	端子	桥连接	目标代号	连接沿
目标代号					
		1			
		2			
		3			
		4			
		5			
		6			
		7			
		8			
		9			
		10			

=EB2+ET-X1
交流电源端子

图 4-66　手动跳线

图 4-67 端子排编辑

在"编辑端子排"对话框中，选中所有端子，鼠标右键单击"端子编号"功能，如图 4-68 所示。

图 4-68 端子编号

在弹出的"给端子编号"对话框中，选择编号"配置"及编号"起始值""增量"，如图 4-69 所示。

单击"确定"按钮，完成对端子排 X1 中的端子编号，如图 4-70 所示。

在"编辑端子排"对话框中的"端子代号"列中可直接修改端子名称，如图 4-71 所示。

图 4-69 端子编号配置

图 4-70 端子重新编号

通过 ⏫ ↑ ↓ ⏬ 按钮，将端子排中的端子进行上下移动，如图 4-72 所示。

在端子排设计过程中，需要在端子排中添加端子排附件，即端子终端固定件。在"编辑端子排"对话框中，鼠标右键选择"插入可排成行的附件"，如图 4-73 所示。

图 4-71　端子重命名

图 4-72　端子移动

图 4-73　插入端子排附件

在弹出的"部件选择"对话框中，选择端子附件型号，如图 4-74 所示。

图 4-74 端子排附件选型

在端子排编辑器中添加两个终端固定件，通过上下移动功能，将两个端子固定件放置到端子排的首尾两端，如图 4-75 所示。

视频 4-12
端子编辑

图 4-75 端子排附件添加

4.4　面向对象的设计

在 1.2.1 节中对面向对象设计已有介绍。面向对象设计就是在各个导航器中预先添加设备，然后将其拖放到原理图中。这种设计方式有利于对项目中的设备进行统一管理，采用预设计方式，提前生成清单材料报表，帮助工程师提高设计效率。在项目中端子、PLC 及安装板布局都是采用面向对象的设计方法。在 4.3 节端子排设计中，采用的就是面向对象的设计方法。

4.4.1　设备导航器

在设备导航器中包含了其他导航器中的所有设备，也就是项目中的所有设备。电缆作为设备，也包括在设备导航器中。打开设备导航器，在层级结构中右键单击"新设备"功能，如图 4-76 所示。

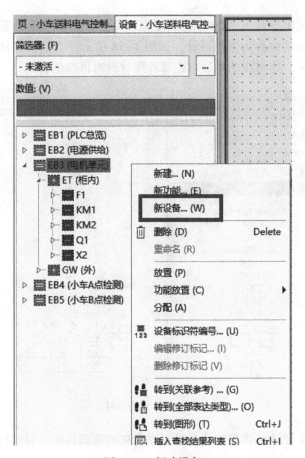

图 4-76　新建设备

在设备导航器中新建设备通常选择第三个选项"新设备"，因为在该选项中是先选择部件型号，在部件型号中定义了设备的功能。在原理图中插入符号时，自动选择符合部件库中功能模板的符号，这样就保证了符号和部件功能的一致性，同时给设备也选了型，如图 4-77所示。

图 4-77 新建设备选型

将预设之后的电机保护开关"Q1"拖放至原理图中，在图形编辑器中自动显示"电机保护开关"符号，这种方法也称为逆向设计，如图 4-78 所示。当然，部件型号所对应的符号也是可以在部件库中指定，这将在 7.4 节讲述部件库管理时再详细讲解。

图 4-78 逆向设计

要应用好面向对象设计，首当其冲就是要完善和规范部件库，只有标准化的部件库才能使设计效率大幅提高。

4.4.2 设备

在讲述设备功能之前，首先介绍一下符号、元件、部件、设备的概念及相互之间的关联。

符号是电气设备的一种图形形式，用来体现设计原理，不具备电气属性。符号存放于不同标准的符号库中，标准不同，符号的外形大小也不同。目前，无论是西门子、ABB 还是施耐德公司都不能提供一个完善的符号库，所以在项目设计时，除了应用符号库中自带的符号之外，还需要自己新建符号库。

元件是指被放置在原理图中的符号，是定义了功能的符号。符号只存在于符号库，一旦插入到图纸中就成为一个元件。

部件是指厂商提供的电气设备的数据集合，其中包括设备型号、名称、制造商名称、尺寸、价格、技术参数等信息。

设备是指选了型的符号，赋予一个符号相应的电气参数使其具有电气属性。在原理图设计时，如果"插入符号"只是表示将符号放置到原理图中，使之成为元件，而不具备部件信息，是基于面向图形设计。如果"插入设备"则表示该符号已经选了型号，定义了功能，具有相应的电气属性，是基于面向对象设计。

在项目设计完成之后，需要对项目中的设备编号进行重新编排，在原理设计过程中会移动一些回路位置或删除增加一些设备，导致设备编号错乱，如图 4-79 所示。

图 4-79　设备编号错乱

在 EPLAN 软件中设备编号有"在线"编号和"离线"编号两种。在线编号是指对设置以后放置的符号进行编号；离线编号是指对已放置的设备进行重新编号。

在"文件"→"设置"→"项目（项目名称）"→"设备"→"编号（在线）"中设置编号格式为"标识字母+页（三位）+计数器"，如图 4-80 所示。

图 4-80　设备在线编号设置

完成设备（在线）编号设置后，在图纸中插入符号或宏电路后，新插入的符号和宏电路设备标识符显示新的编号格式，如图4-81所示。

图4-81　设置后的设备编号

在进行设备离线编号之前，需要设置编号格式。设备编号（离线）设置在设备编号（在线）的下方进行设置，如图4-82所示。

图4-82　设备编号（离线）设置

在"配置"的下拉列表框中选择编号格式。在自定义编号格式时，将左侧"可用的格式元素"添加到右侧"所选的格式元素"中，保存自定义配置。

在页导航器中，选中项目名称，执行"设备"→"编号"命令，如图 4-83 所示。

图 4-83 设备离线编号

设备（离线）编号是按照从上往下、从左往右的顺序依次编排，设备标识符格式，按照设备离线编号规则进行显示。完成设备（离线）编号后显示如图 4-84 所示。

图 4-84 设备离线编号

4.4.3 设备选型

设备选型功能在 3.3.4 节中已有介绍。在项目设计过程中，可边绘制原理图边选型，这样不会遗漏掉设备，但是这样会导致原理图设计比较慢。许多工程师希望完成原理图设计后再进行选型，这样可以通过设备导航器器，对相同部件编号的设备进行批量选型，提高图纸设计效率。

在图纸中，需要对"电机保护开关 1QA1"进行选型，双击符号，在"部件"选项卡中单击"设备选择"命令进行智能选型，如图 4-85 所示。

图 4-85 图纸中设备智能选型

针对项目中相同部件型号的设备，例如按钮 1S1 ~ 1S7，可以通过设备导航器进行批量选型，如图 4-86 所示。

视频 4-13
设备

图 4-86　批量选型

4.5 生成报表

完成原理图设计之后，需要生成各类清单报表，用来评估原理图设计。在 EPLAN 软件中只需要定制好各种报表模板，软件会自动生成各类报表。报表中的信息都来自于原理图设计，所以原理图的准确绘制将影响到报表生成数据的准确性，反过来，也可以通过各种报表信息的查看，来修改和完善原理图设计中的不足。

4.5.1　报表生成

图 4-87　生成报表命令

在项目的结构规划中，定义了报表生成的高层代号：REPORT。

执行"工具"→"报表"→"生成"命令，如图 4-87 所示。

在生成报表之前，首先需要对报表的模板、页名、部件等信息进行设置。在弹出的"报表"对话框中，单击右下方的"设置"按钮进行设置，如图 4-88 所示。

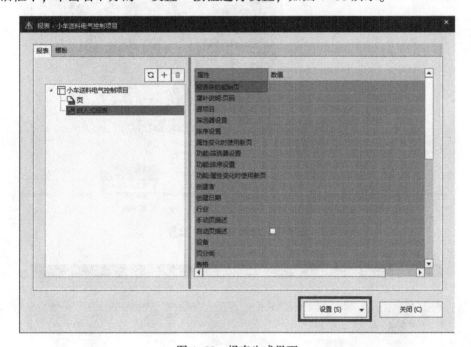

图 4-88　报表生成界面

4.5.2　设置

在"设置"按钮的下拉列表框中，首先设置"输出为页"选项，如图 4-89 所示。

在弹出的"设置：输出为页"对话框中，主要设置"表格"列的报表模板，其他列设置都可采用系统默认设置。在"部件汇总表"栏的"表格"列中选择报表模板，在下拉列表框中单击"浏览"功能，如图 4-90 所示。

在部件模板选择窗口中，在软件中自带了一些模板，可以根据企业自己的要求，定制报表模板。在报表模板中包括"静态"和"动态"两种报表类型，"静态"报表的行数是固定的，"动态"报表的行数是动态变化的，这里选择的部件汇总模板就是一个动态表格，勾选左侧的"预览"选项可以查看到，如图 4-91 所示。

按照同样方式，依次设置其他表格类型的模板，完成"输出为页"的设置。在生成部件汇总表之前，完成部件汇总表的模板选择之后，还需要对"设置"下拉列表框中的"部件"进行设置。在"考虑部件"栏中勾选"端子部件"等数据，按照软件默认设置，有时端子部件不会在部件汇总表中显示，但是在项目工程中端子、插头、母排等设备也是需要统计的，而这些设备在项目中有许多都是相同型号的部件，所以需要勾选"汇总一个设备的部件"，如图 4-92 所示。

图 4-89 "输出为页"设置

图 4-90 报表设置

図 4-91　部件汇总表模板选择　　　　　　　　図 4-92　部件设置

4.5.3　手动报表

报表设置完成之后在"报表"选项卡中单击 ⊞ 按钮，在弹出的"确定报表"对话框中，选择"部件汇总表"类型，设置输出形式为"页"，如图 4-93 所示。

図 4-93　确定报表界面

单击"确定"按钮，弹出"设置-部件汇总表"对话框，不同报表类型的筛选器设置界面都不尽相同，根据生成报表的需要进行筛选器和排序的条件设置，如图 4-94 所示。

设置完成之后，单击"确定"按钮，在弹出的"部件汇总表（总计）"对话框中，设置报表生成的高层代号，选择之前预规划项目结构中的"REPORT（报表）"代号，勾选"自动页描述"选项，如图 4-95 所示。

图 4-94　筛选器设置

图 4-95　部件汇总表生成设置

单击"确定"按钮后，在项目树中的"REPORT（报表）"高层代号下，生成"部件汇总表"报表，如图 4-96 所示。

图 4-96　生成部件汇总表

按照以上操作步骤，生成项目中其他"页"类型报表，例如，设备列表、端子图表、电缆图表等报表，如图 4-97 所示。

设备列表

F03_001

设备标识符 部件请号 类型号	功能文本 部件代号	关联参考	符号
=POWER+ET-7X	交流电源端子		
=POWER+ET-U1		=POWER+ET/1.0	
=POWER+ET-U1-L1		=POWER+ET/1.0	
=POWER+ET-U1-L2		=POWER+ET/1.0	
=POWER+ET-U1-L3		=POWER+ET/1.0	
=POWER+ET-U1-N		=POWER+ET/1.1	
=POWER+ET-U1-PE		=POWER+ET/1.1	
=EB2+ET-7X	24V电源端子		
=EB2+ET-F1 LS2200.K2-36A	熔断电器	=EB2+ET/1.4	

设备标识符 部件请号 类型号	功能文本 部件代号	关联参考	符号
=EB2+ET-FR		=EB2+ET/2.3	
=EB2+ET-FU1		=EB2+ET/1.4	
=EB2+ET-FU2		=EB2+ET/2.1	
=EB2+ET-KA MY2NV-C3　DC24	中间继电器	=EB2+ET/2.3	
=EB2+ET-KM1		=EB2+ET/2.5	
=EB2+ET-KM2		=EB2+ET/2.6	
=EB2+ET-KT SJB.3RH2120-1HG40 3RH2120-1HB40		=EB2+ET/2.6	
=EB2+ET-M1 SNR.K1S0G07196/TP K1S0K07196/3P	三相电机	=EB2+ET/1.4	
=EB2+ET-Q1 SJB.3YA1030-SBD32-OAAO 3YA1030-SBD33-OAAO		=EB2+ET/1.4	

端子图表

功能文本	目标说明依据	连接点	端子	目标说明依据	连接点	页/列
			=EB2+ET-X1			
	-M1	U1	1	-F1	2	/1.4
	-M1	V1	2	-F1	4	/1.4
	-M1	W1	3	-F1	6	/1.4
	-M1	PE	PE	FE		/1.4
			5			
			6			
			7			
			8			
			9			
			10			
			11			
			12			
			13			
			14			
			15			
			16			
			17			

图 4-97　其他页类型报表

图 4-97 其他页类型报表（续）

4.5.4 嵌入式报表生成

在电机主回路图纸中，需要将端子图表放置在图纸上，方便接线工人的接线。首先，打开要放置的嵌入式报表图纸，即电机主回路页，然后在生成报表界面中，设置"嵌入式报表"模板，选择"端子图表"的表格模板为"F13_006"，如图 4-98 所示。

图 4-98 端子图表模板设置

设置完成之后，单击 ⊞ 按钮，在弹出的"确定报表"对话框中选择输出形式为"手动放置"，选择报表类型为"端子图表"，勾选"当前页"选项。"当前页"和"手动选择"主要区别于，"当前页"选项会依次放置该张图纸中所有的端子图表，而"手动选择"则可以选择想要放置的一个或多个端子图表。由于电机主回路图纸中只有一个端子排名称，所以只需勾选"当前页"即可，如图 4-99 所示。

图 4-99　嵌入式报表设置

单击"确定"按钮，将端子图表手动放置在电机主回路图纸中，如图 4-100 所示。

图 4-100　嵌入式端子图表放置

4.5.5　报表更新

在报表生成之后，往往通过报表查看原理图中的设计是否有遗漏或错误之处，然后修改原理图设计。原理图修改完成之后，需要更新生成的报表信息，检查是否显示正确。在更新报表之前，可以选择报表高层代号，更新项目中的所有报表，另外也可以选择单张报表更新。执行"工具"→"报表"→"更新"命令，进行报表内容更新，如图 4-101 所示。

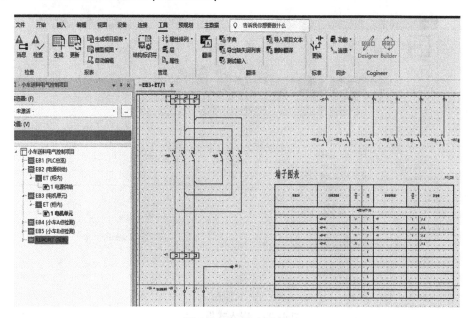

图 4-101　报表更新

4.6　本章小结

　　本章重点介绍了面向对象及端子排设计。在项目设计之前需要定义项目的层级结构，具体以项目功能块和实际安装位置为依据。在原理图设计过程中，要灵活应用设备导航器功能。项目设计完成之后，需要生成各类清单报表进行原理图设计评估，修改完成之后，要更新项目中所有报表信息。

第5章　打包机电气控制系统设计

打包机电气控制系统主要由5个电机和1个PLC控制器组成，通过按钮和感应传感器进行信号反馈，完成整个控制系统的运转。系统工作流程：要打包的物品从入料传送带输送到第二传送带进行旋转打包，然后通过出料传送带输出完成，如图5-1所示。

图5-1　打包机系统流程

本章节重点介绍打包机电气控制系统中PLC的三种设计方法以及2D安装板设计。通过实际项目详细讲述"页"的新建及编辑功能、黑盒的表格编辑方式以及生成项目中各类报表。

5.1　项目新建

执行菜单"文件"→"新建"命令，如图5-2所示。

在弹出的"创建项目"对话框中定义"项目名称"为"打包机电气控制项目"；设置项目保存路径；选择IEC项目模板；设置创建日期和创建者，如图5-3所示。

项目创建完成后，需要规划项目结构，打包机控制系统一共包括三个功能模板：入料传输带控制、第二段传送带控制及旋转打包、出料传送带控制。项目中的设备归属位置主要为配电柜和柜外两个位置。

在"结构标识符管理器"中定义项目"高层代号"名称及描述，高层代号包括封面、目录、功能总览、PLC 总览、电源供给、入料输送带、第二输送带、出料输送带、报表，如图 5-4 所示。

图 5-2 项目新建

图 5-3 创建项目

图 5-4 高层代号定义

在"结构标识符管理器"中定义项目"位置代号"名称及描述。位置代号可以灵活应用在生成报表中，由于项目中生成的报表种类和数量比较多，可以将各类报表通过"位置代号"进行归类。在生成报表时，不同类型的报表在相应的位置代号名称下，这个对后期查找和更新报表会非常方便。位置代号包括配电柜、柜外、部件表、端子表、电缆表、PLC 图表、连接列表，如图 5-5 所示。

图 5-5　位置代号定义

5.2　原理图绘制

5.2.1　页的创建

项目新建完成后，在左侧栏中显示项目名称，如图 5-6 所示。

如果选用软件中自带的项目模板，新建的项目是没有层级结构和图纸的。工程师可以通过典型项目创建企业模板，将典型项目中的层级结构和标准图纸一起保存为企业项目模板。下次选择企业模板创建新项目时，项目中将会自带层级结构和标准电路图纸，帮助工程师快速完成项目设计。

单击菜单栏中的"开始"→"页"→"新建"或鼠标选中项目名称右键"新建"，如图 5-7 所示。

图 5-6　新建项目

图 5-7　新建页

弹出"新建页"对话框，单击"完整页名"栏后■按钮，选择"页"的高层代号和位置代号，如图 5-8 所示。

只有选择了页的高层代号和位置代号，在项目树中才能看到预定义的项目结构。同时也说明了新建的页属于项目中的哪块功能和位置，在进行设备查找和后期项目维护时，就能快速定位相关图纸。

页的高层代号和位置代号从预设的结构标识符管理中选择，首先新建 PLC 总览页，选择高层代号为"F02（PLC 总览）"，位置代号为"ET（配电柜）"，如图 5-9 所示。

图 5-8　"新建页"对话框　　　　　　　　　图 5-9　页的结构标识符定义

5.2.2　页的类型

完成页的高层代号和位置代号定义后，在"页类型"栏选择新建页的类型，在"页类型"下拉列表框中一共包括 11 种页类型，根据设计需要选择不同类型的图纸。新建的页为 PLC 总览，在"页类型"中选择"总览（交互式）"，如图 5-10 所示。

在 EPLAN 软件中，按照页的生成方式将页分为交互式和自动式两种类型。所谓交互式，即为手动选择图纸类型。自动式主要是指自动生成的报表类型页，例如，部件汇总表、端子图表、电缆图表及目录等，如图 5-11 所示。

图 5-10　页类型　　　　　　　　　　　图 5-11　自动式页类型

"页类型"选择完成后，在"页描述"栏中填写新建页的具体功能，在"页描述"栏填写"PLC 总览"。"页描述"栏中的信息，可通过"清空文本框"按钮进行一键清除。在"属性"栏中可以设置该页图纸的图框、比例、栅格和图号，另外也可以通过 + 按钮，增加新的属性名，如图 5-12 所示。

另外，新建"总电源供给"图纸时，设置高层代号为"POWER（电源供给）"，位置代号为"ET（配电柜）"，页类型选择"多线原理图（交互式）"，页描述为"总电源供给"，如图 5-13 所示。

图 5-12　页属性设置

图 5-13　新建电源供给页

在相同层级结构中新建页时，可选中最后一层结构新建页，新建的页将自动显示在该层级结构下。在新建"直流电源供给"页时，可直接单击"电源供给"高层代号下的"ET（配电柜）"位置代号，鼠标右键"新建"，新建的"页"结构自动显示该层级代号，页名自动增加，如图 5-14 所示。

图 5-14　层级结构下新建页

5.2.3　页导航器

项目中的其他原理图页都可通过上述方法进行新建。新建完成后，在左侧页导航器中可集中查看和编辑页及其属性。页导航器栏在新建项目之后自动显示在左侧，如果隐藏或关闭了页导航器，在菜单栏执行"开始"→"页导航器"命令，即可显示页导航器。页导航器中通过"树"结构和"列表"形式显示项目中的所有图纸，如图 5-15 所示。

图 5-15　页导航器显示

5.2.4　页的操作

在设置"页导航器"中的"筛选器"下拉列表框时需要注意，有时会发现导航器中的图纸不见了或者只剩下几张图纸，在重新新建这些丢失的图纸时，软件会提示"页已存在"。这时就要检查是否选择了"筛选器"的下拉列表框。

"筛选器"下拉列表框中的配置各有不同，软件默认情况下，有三个选项"未激活""默认""选择"。单击"筛选器"后方的 按钮，查看各个配置的条件设置，如图 5-16 所示。

通常选择筛选器中的"未激活"选项，可显示项目中所有图纸，如图 5-17 所示。

图 5-16　页筛选器配置　　　　　　　　　图 5-17　显示所有页

在"页导航器"中对"页"可以复制/粘贴、删除、重命名、编号及排序等操作。

"页"的"复制/粘贴"选中要复制的页，单击鼠标右键选择"复制"，然后选择"粘贴"命令。由于 EPLAN 软件是在 Windows 系统上开发的，所以支持快捷键"Ctrl+C"/"Ctrl+V"的复制/粘贴，如图 5-18 所示。

页"复制"之后再"粘贴"到相应位置结构下时，软件会弹出"调整结构"对话框，在该界面中可重新设置"页"的高层代号、位置代号和页名。"页名"可勾选"页名自动"选项，软件自动完成编号，如图 5-19 所示。

图 5-18　页复制　　　　　　　　　图 5-19　页复制中的结构调整

　　"页"的"删除"操作在项目中也是经常用到，同样也是选中要删除的页，鼠标右键选择"删除"功能或者按〈Delete〉键删除选中的页，如图 5-20 所示。

　　页的"重命名"只是修改页名，而不是修改页描述。选中"页"单击鼠标右键选择"重命名"对现有的页编号进行修改，如图 5-21 所示。

图 5-20　页的删除　　　　　　　　图 5-21　页重命名

　　在实际项目设计中，"页名"的修改是通过"编号"完成的，"重命名"功能只针对个别图纸进行手动调整。在页导航器中鼠标右键选择"编号"，在弹出的"给页编号"对话框中根据项目需要设置相关参数，如图 5-22 所示。

　　如果勾选"应用到整个项目"，整个项目的页名都将重新编号；如果不勾选，只对选中的页进行编号。

　　如果勾选"结构相关的编号"，页名的编号以结构为主，每个结构中都会出现重复的页名。如果不勾选，页名编号以项目为主，所有结构中不会有重复的页名，如图 5-23 所示。

图 5-22 页编号

图 5-23 结构和项目页编号

视频 5-1
页新建及编辑

设置编号的"起始号"和"增量"，在"子页"栏的下拉列表框中有三个选项："保留"是指保留当前子页形式不变；"从头到尾编号"是指子页用起始值为 1、增量为 1 进行重新编号；"转换为主页"是指将子页转换为主页与其他主页一起进行重新编号。

在项目设计之初我们首先设计系统功能流程图，新建"单线原理图"绘制系统功能块，从宏观上规划项目。在单线图中可以通过绘图工具进行绘制系统功能图，也可以将 DWG 文件导入 EPLAN 软件中。通过"结构盒"框选设备的高层代号归属，如图 5-24 所示。

图 5-24 功能总览

在单线原理图中设计项目中主要设备的连接关系及主要设备的位置归属。在编辑区右侧的插入中心执行"符号"命令，从"IEC_single_symbol"符号库中插入单线图符号，在端子与电机之间插入电缆，通过"结构盒"框选设备的位置归属，如图 5-25 所示。

图 5-25　位置总览

5.3　PLC 设计

在设计 PLC 电路时，采用面向对象设计方式。PLC 的设计方法有三种：基于地址点、基于通道、基于板卡的设计，在本节项目中将逐一进行讲解。

5.3.1　PLC 的创建和放置

在打包机项目中需要一个 16 通道的数字量输入模块和 16 通道的数字量输出模块。在 PLC 导航器中"新建设备"并选择部件型号，如图 5-26 所示。

预设 PLC 设备时，采用"手动选型"方式，因为图纸中还没有 PLC 符号，所以不能进行智能选型。在"手动选型"时，PLC 部件库信息一定要完整。

在"F01 功能总览"高层代号下，打开"位置代号总览"单线原理图纸，单击工具栏中的█按钮，绘制 PLC 盒子，勾选"主功能"选项，如图 5-27 所示。

将 PLC 导航器中的数字量输入点，通过拖放的方式放置到单线原理图中，如图 5-28 所示。

在工具菜单栏的报表处单击"生成"按钮，弹出"报表"对话框，选择报表，单击 + 按钮，在弹出的对话框里选择 PLC 卡总览，单击"确定"按钮，在弹出的"设置"对话框中单击"确定"按钮，在弹出的 PLC 卡总览对话框选择 PLC 卡总览要放置的高层代号和位置代号，单击"确定"按钮。在报表中生成 PLC 卡总览，软件自动将 PLC 的所有 IO 信息显示到总览图中，如图 5-29 所示。

图 5-26　添加 PLC 设备

图 5-27　绘制 PLC 盒子

图 5-28　PLC 单线图设计

图 5-29　PLC 总览放置

添加 IO 的功能定义时，选中要编辑的 IO 点，鼠标右键选择"表格式编辑"选项，如图 5-30 所示。

在弹出的"配置"表格界面中的"功能文本"列中填写各个 IO 的功能信息，在表格中填写的 IO 功能文本，会自动显示在 PLC 总览图中，如图 5-31 所示。

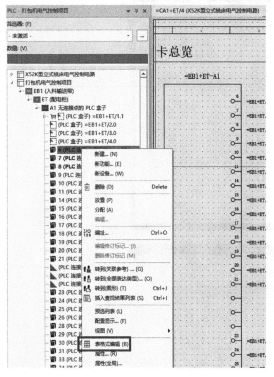

图 5-30 表格式编辑功能 图 5-31 表格编辑"功能文本"

采用同样的方式，添加 PLC 数字量输出模块的 IO 功能文本。添加完成之后，PLC 卡总览如图 5-32 所示。

图 5-32 PLC 总览

视频 5-2
PLC 设计及
PLC 卡总览

前面介绍过 PLC 的三种设计方式，下面首先介绍基于地址点的设计。基于地址点设计就是将 PLC 各个地址拆分开设计，将每个地址点逐一放置在图纸的各个位置中，这种设计方式适合比较大的项目，PLC 输入/输出点直接放置在相应功能的图纸中，不采用中断点进行跳转，方便 IO 的查看。

在采用地址点设计方式之前，首先在 PLC 导航中设置"视图"显示为"基于地址"，如图 5-33 所示。

设置完成之后，PLC 导航器中显示基于地址点的各个 IO 信息，将左侧地址点拖放至原理图中，此时的符号是软件默认的地址点符号，如图 5-34 所示。

图 5-33　"基于地址"视图设置　　　　　　　　　图 5-34　默认地址点符号

如果想要修改默认地址点符号，可以在将符号放置在原理图之前，按【Backspace】键，在弹出的界面中选择"各个功能"选项，如图 5-35 所示。

单击"确定"按钮，然后再按【Backspace】键，弹出"符号选择"对话框，选择"PLC连接点，分散表示"符号，如图 5-36 所示。

图 5-35　修改默认地址点符号　　　　　　　　　图 5-36　地址点符号选择

手动选择合适的 PLC 连接点符号，将其放置在原理图中，如图 5-37 所示。

图 5-37　手动选择 PLC 连接点符号

以上设计方式，需要每次按【Backspace】键进行符号的选择，可以在"部件库管理"中，设置各个 IO 点对应的原理图"符号"。在部件库"功能模板"选项卡的"符号"列中，选择 IO 点对应的符号，如图 5-38 所示。

图 5-38　部件库中地址点符号设置

设置完成后单击"应用"按钮后，关闭部件库管理界面。在弹出的界面中同步部件库数据，如图 5-39 所示。

图 5-39　同步部件库数据

数据同步之后，从 PLC 导航器中重新拖放地址点，这时软件默认的符号就是部件库中设置的符号，如图 5-40 所示。

图 5-40　基于地址点的 PLC 设计

视频 5-3
基于地址点
的 PLC 设计

基于通道的设计方式：在 PLC 选型过程中，有些 PLC 由一个 DI 或 DO 组成一个通道，而有些 PLC 由一个 DI 和一个 PLC 卡电源组成一个通道，而模拟量信号，通常都是由 AI 和 AO 两个地址点组成一个通道。通过在部件库中设置通道"宏"符号，在 PLC 导航器中添加该部件型号，选中相应的通道拖放到原理图中。

在采用通道设计方式之前，首先在 PLC 导航器中添加部件型号，如图 5-41 所示。

设置 PLC 导航器中 IO 点的"视图"显示为"基于通道"。绘制 PLC 盒子，添加 PLC 数字量输入连接点和卡电源连接点，创建通道设计的"窗口宏/符号宏"（创建宏的具体步骤将在第 7 章详细介绍），如图 5-42 所示。

在部件库管理中，将创建的通道宏添加到"属性"选项卡下数据栏的"原理图宏"选项中，如图 5-43 所示。

图 5-41　添加 PLC 部件型号

图 5-42　创建窗口宏/符号宏

同步部件库数据，从 PLC 导航器中选中通道地址并将其拖放至原理图中，如图 5-44 所示。

图 5-43　部件库宏设置

视频 5-4
基于通道
的 PLC 设计

图 5-44　基于通道的 PLC 设计

基于板卡的设计方式：在 PLC 设计过程中基于板卡的设计是最常用的一种方式，就是将 PLC 输入输出点以 8 个或 16 个通道点的形式批量放置到原理图中，这种设计方式比"基于地址点"设计方式要快，便于 PLC 板卡 IO 的查看，但是需要不停翻阅图纸查看 IO 所控制的原理图。

在打包机项目中 PLC 的设计采用"基于板卡"的设计方式，此项目中用到的数字量输入模块为西门子的 SIE.6ES7223-1PL32-0XB0，数字量输出模块为西门子的 SIE.6ES7214-1AG40-0XB0，两个数字量模块都为 16 通道模块。首先创建一个 8 通道数字量输入的"窗口宏/符号宏"，如图 5-45 所示。

图 5-45　DI 宏创建

将创建的 8 通道数字量输入模块的"宏"电路添加到"部件库管理器"的"属性"选项卡下数据栏的"原理图宏"选项中，如图 5-46 所示。

图 5-46　添加板卡宏

　　在 PLC 导航器中设置"视图"显示为"基于设备标识",在 PLC 导航器选中 A1 设备并将其拖放至原理图中,软件将自动添加宏电路及 PLC 的 IO 点信息到现有的电路中,如图 5-47 所示。

图 5-47　8 通道板卡放置

　　绘制第一个 8 通道数字量输入电路的外围电路,执行"插入符号"命令,添加各种输入信号符号,如图 5-48 所示。

图 5-48　第一个 8 通道板卡设计

　　由于制作的"宏"电路为 8 通道电路,所以需要拖放两次才能完成所有地址点的添加,在第二次拖放时,在 PLC 导航器中仍然选中 A1 设备将其拖放至原理图中,并绘制数字量输入 IO 点的外围电路,如图 5-49 所示。

图 5-49　第二个 8 通道板卡设计

数字量输出模块 SIE.6ES7214-1AG40-0XB0 的设计与数字量输入模块设计方法一致，从 PLC 导航器选中 A2 设备将其拖放至原理图中并绘制外围电路原理，如图 5-50 所示。

视频 5-5
基于板卡
的 PLC 设计

图 5-50　16 通道数字量输出模块设计

5.3.2　PLC 编址

PLC 原理设计完成后，需要对 PLC 输入输出地址点进行编址。在 EPLAN 中软件可自动完成编址操作。在编址之前，首先设置 PLC 的编址格式，单击"文件"→"设置"→"项目（项目名称）"→"设备"→"PLC"选项，如图 5-51 所示。

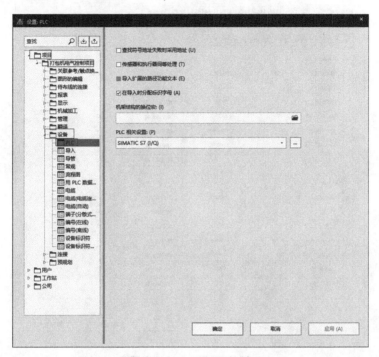

图 5-51　PLC 设置对话框

在弹出的"设置 PLC"对话框中，单击"PLC 相关设置"下拉列表框选择相应的 PLC 配置，如图 5-52 所示。

图 5-52　PLC 设置选择

也可以设置新的 PLC 配置，单击"PLC 相关设置"后面的█按钮，在弹出的"设置：PLC 相关"对话框中单击"配置"栏后面的＋按钮，可创建新的配置名称，在"地址"选项卡中设置"输入端""输出端"的数据类型，如图 5-53 所示。

图 5-53　PLC 地址设置

在"地址格式"选项卡中可设置 PLC 地址的显示格式，例如，需要显示十六进制大写的地址格式，单击"地址格式"栏后面的█按钮，如图 5-54 所示。

图 5-54　地址格式设置

在弹出的"PLC 地址格式"对话框中单击"计数器"元素进行编辑，如图 5-55 所示。

图 5-55 计数器格式修改

在弹出的"格式计数器"对话框中，在"数字系统"下拉列表框中选择"十六进制（大）"，即十六进制大写，设置起始值及最终值，如图 5-56 所示。

图 5-56 计数器格式设置

将两个"计数器"的格式设置完成后，在 PLC 导航器中，选中 PLC 设备 A1，执行"设备"→"编址"命令，如图 5-57 所示。

在弹出的"重新确定 PLC 连接点地址"对话框中，勾选"数字连接点"和"模拟连接点"选项，软件会自动显示已设置的数据格式，勾选"结果预览"选项，如图 5-58 所示。

图 5-57 PLC 编辑命令

图 5-58 确定 PLC 连接点地址

单击"确定"按钮，在弹出的预览界面中查看重新编址的格式显示，如图 5-59 所示。

视频 5-6
PLC 编址

图 5-59 PLC 编址

5.3.3 数据导入/导出

在项目设计过程中，如果是先设计 PLC 电气原理图，设计完成之后可以将项目中的 PLC 数据导出，在 SIMATIC STEP7 软件中将导出的数据之间导入组态软件中，避免软件人员的重复设计。

在导出 PLC 数据之前，在主功能 PLC 盒子属性的 "PLC 结构数据" 选项卡中定义项目配置名称为 "SIEMENS SIMATIC S7"，如图 5-60 所示。

图 5-60　PLC 配置项目

"配置项目" 信息填写完成后，执行 "文件" → "导出" → "PLC 数据" 命令，如图 5-61 所示。

在弹出的 "导出 PLC 数据" 对话框中，选择 "配置项目" 名称，一个项目可能包含多个配置项目名称，通过下拉列表框选择所需的项目。其他选项设置如图 5-62 所示。

图 5-61　PLC 导出数据命令

图 5-62　导出 PLC 数据界面

单击 "确定" 按钮，软件自动将 PLC 数据以 ∗.XML 扩展名保存在设置路径下。

如果在设计 PLC 原理图之前，已经在 SIMATIC STEP 7 软件中定义好了 PLC 的硬件结构和拓扑关系，可以将 STEP 7 软件中的梯形图和赋值表导出到桌面，然后将其导入 EPLAN 项目中，在 PLC 导航器中生成未放置功能。

在导入 STEP 7 中预定义的 PLC 数据之前，首先打开一个项目，执行 "文件" → "导入" → "PLC 数据" 命令，如图 5-63 所示。

在弹出的"导入 PLC 数据"对话框中，选择导入文件的格式，加载 STEP7 数据文件，设置语言为中文，选择"重新生成所有功能"选项，勾选"生成 PLC 原理图启动"选项，如图 5-64 所示。

图 5-63　PLC 导入数据命令

图 5-64　导入 PLC 数据界面

视频 5-7
PLC 数据
导入导出

5.4　端子

在打包机项目中一共包含三组端子排，第一组为电源端子排，第二组为主回路电机接线端子排，最后一组为控制回路 PLC 信号端子排，三组端子排都属于配电柜设备。

5.4.1　端子排导航器定义

首先新建电源端子排，打开端子排导航器，执行"设备"→"端子排"→"导航器"命令，在导航器空白处单击鼠标右键"新建端子（设备）"，在弹出的"生成端子（设备）"对话框中定义端子的完整标识符、数量及部件编号，如图 5-65 所示。

图 5-65　电源端子排新建

　　电机接线端子和 PLC 信号端子，分别位于入料输送带、第二输送带和出料送带三个高层代号中，为了方便端子排的新建，可以将这两组端子排定义在总览功能高层代号下或者将其按高层代号进行拆分，分别拆分成六组端子排，不同高层代号下对应不同的电机接线端子排和 PLC 信号端子排。这种设计虽然让各个端子排的功能很明确，但是从定义上来说比较麻烦，因为该项目中包含的端子排数量不是特别多，所以除电源端子外，可以将另外两组端子排统一定义在 F01（功能总览）高层代号下，位置代号仍然为 ET（配电柜）。在端子排导航器中新建20 个电机接线端子和 50 个 PLC 信号端子，如图 5-66 所示。

　　软件的各个功能应用除了满足设计标准化、规范化之后，更多的还是为了设计方便，根据项目的复杂程度，可以灵活应用软件各个功能，不必太拘泥于某种固定设计模式。

5.4.2　生成端子排定义

　　在端子排导航器中预定义端子排之后，需要生成“端子排定义”。选中预定义的端子排，单击鼠标右键，选择“生成端子排定义”，如图 5-67 所示。

图 5-66　电源和信号端子排定义

图 5-67　添加端子排定义

　　添加端子排定义之后，在“端子排定义”选项卡下的“功能文本”中填写各个端子排的功能名称，如图 5-68 所示。

5.4.3　图形编辑器定义

　　完成端子导航器中端子排预定义之后，在图形编辑器中插入已预设的端子。首先在“总电源供给”图纸中，插入电源端子排。选中端子排导航器中的电源端子拖放至原理图中，如图 5-69 所示。

图 5-68 端子排功能定义

图 5-69 插入电源端子排

由于 5 号端子连接的 PE 信号，所以需要修改 5 号端子的功能定义。在端子属性中修改端子功能定义为"PE 端子，带鞍形跳线 2 个连接点"，如图 5-70 所示。

修改完功能定义后，需要修改 PE 端子的部件型号。由于之前预设的 5 号端子的部件功能模板不能与 PE 符号中的功能定义相匹配，所以在端子排导航器中就会多出一个未放置的部件型号，如图 5-71 所示。

在端子属性中，重新选择 5 号端子的部件型号。单击"确定"按钮后，PE 端子的部件功能模板与符号功能定义完成了匹配，如图 5-72 所示。

图 5-70　PE 端子修改

图 5-71　部件模板与符号功能定义不匹配

图 5-72　部件功能模板与符号功能定义相匹配

将电机接线端子和 PLC 信号端子按照此方法依次插入原理图中，如图 5-73 所示。

图 5-73　插入电机和 PLC 端子

5.4.4　备用端子应用

在项目设计过程中，通常要预留备用端子，以备后期在工艺施工过程的跳线使用或维护使用，而备用端子是不需要全部放置在原理图上，但是要求在部件统计表和端子图表中有所显示。在端子排导航器中，可以预设备用端子，在端子排编辑器中手动编辑备用端子的跳线，在生成的端子图表和部件报表中会自动显示备用端子信息，如图 5-74 所示。

在项目完成之后，为了减少项目体积，需要将项目进行压缩。在压缩过程中 EPLAN 软件自动会删除掉图纸中未使用的主数据、已放置的宏边框和占位符对象等不必要的数据。

在项目压缩过程中，为了保留备用端子，需要设置压缩规则。单击"文件"→"设置"→"项目（名称）"→"管理"→"压缩"选项，在"移除未放置功能"选项下取消勾选"端子"，如图 5-75 所示。

图 5-74　备用端子

图 5-75　备用端子压缩规则设置

5.5　黑盒

在打包机项目中，使用的是三相桥式整流电源，电源为三相交流输入、双 24 V 直流电源输出。在软件自带的符号库中，没有该电源的符号，而这种电源只是在该项目中临时用到，所以在这里使用黑盒来设计。

在"直流电源供给"原理图中，首先绘制一个黑盒，在黑盒内部通过绘图工具绘制三相交流图形和直流图形，如图 5-76 所示。

图 5-76 整流电源绘制

绘制完成后，单击工具栏中的"设备连接点"按钮，将其放置在黑盒内部，根据开关电源的实际端子号，在"设备连接点"选项卡中的"连接点代号"栏中填写电源的输入端子号"L1"。在黑盒设计过程中，只有黑盒为主功能，内部设备连接点为辅助功能，设备标识符中的"主功能"不能勾选，"显示设备标识符"默认为空，如图 5-77 所示。

图 5-77 黑盒设备连接点添加

将开关电源的其他端子逐一添加到黑盒内部，如图 5-78 所示。

完成符号绘制之后，需要将黑盒、设备连接点及内部图形进行"组合"。框选整流电源的所有图形，执行"编辑"→"组合"命令，将黑盒组合成一个整体符号，如图 5-79 所示。

图 5-78　开关电源绘制

图 5-79　黑盒组合

打开黑盒属性对话框，在"符号数据/功能数据"选项卡中，修改黑盒的功能定义为"整流器，可变"，如图 5-80 所示。

图 5-80　修改黑盒功能定义

完成功能定义修改后，在设备属性栏处显示"整流器"，需要给整流开关电源进行选型，通常能使用黑盒绘制的设备都属于临时设备，所以在部件库中不一定有此部件型号，在"部件"选项卡的"部件编号"栏输入开关电源的型号，如图 5-81 所示。

图 5-81　整流开关电源部件编号

输入部件编号后，单击"确定"按钮，在原理图中选中整流开关电源，单击鼠标右键选择"生成部件"选项，如图 5-82 所示。

图 5-82　生成部件

选择完成后，软件自动将符号中的功能定义，添加到部件库的功能模板中，这种逆选型的方式比较适合黑盒和 PLC 设备，如图 5-83 所示。

视频 5-8
端子和黑盒

图 5-83 生成部件功能模板

5.6 安装板设计

完成原理图设计之后,需要设计 2D 安装板布局图。2D 布局图主要用来指导工艺安装,查看设备的安装位置及尺寸。在还没有完成 3D 布线之前,2D 布局图需要手动添加。如果完成 3D 布线设计,通过 3D 结构设计可直接生成 2D 布局图。

在设计 2D 安装板之前,在"结构标识符管理器"中添加布局图高层代号"LAYOUT(2D安装板)",如图 5-84 所示。

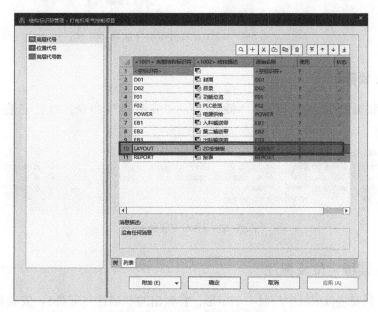

图 5-84 新建安装板高层代号

在页导航器中，新建"安装板布局"图纸，设置比例为 1:10，如图 5-85 所示。

图 5-85　新建安装板布局图

打开新建的安装板布局图，执行"设备"→"2D 安装板布局导航器"命令，打开 2D 安装板布局导航器，如图 5-86 所示。

图 5-86　2D 安装板布局导航器

5.6.1　安装板放置

打开 2D 安装板图纸，通过执行"插入"→"安装板"命令，放置安装板，如图 5-87 所示。

图 5-87　插入安装板命令

5.6.2　安装板定位及标注

将鼠标移动到安装板图纸中绘制一个矩形，在弹出的"属性（元件）：安装板"对话框中的"格式"选项卡中，定义安装板的放置坐标及尺寸大小为 700 mm * 1500 mm，如图 5-88 所示。

在"安装板"选项卡中，填写安装板标注"-M1"，如图 5-89 所示。

图 5-88　安装板绘制　　　　　　　　　图 5-89　安装板标注

在"部件"选项卡中，选择安装板的型号。导轨、线槽作为安装板的附件，在安装板"部件"中一起选择型号和设置数量，如图 5-90 所示。

图 5-90　安装板选型

单击"确定"按钮将安装板放置在图纸中，在安装板上绘制矩形图形作为导轨和线槽放置在图纸中，另外为了线槽和导轨看上去更直观，可以在线槽内部填充颜色，如图 5-91 所示。

5.6.3　部件的放置

安装板及附件放置完成后，在 2D 安装板导航器中选择接触器设备，由于接触器设备是安装在导轨上，所以在安装板导航器中选中接触器，鼠标右键选择"放到安装导轨上"命令，如图 5-92 所示。

图 5-91　放置导轨、线槽　　　　　　图 5-92　安装导轨放置命令

　　将设备放置在导轨之前，单击"封闭导轨"的上边缘，移动鼠标，再单击"封闭导轨"的下边缘，部件就会被居中放置在导轨上。设备放置完成后，设备导航器中的设备前方会有绿色对勾，在安装板高层代号下会显示已放置的设备，如图 5-93 所示。

　　如果设备不是导轨安装，可以将安装板导航器中的设备直接拖放到安装板上。设备被放置在安装板上，由于没有关联 2D 布局图"符号宏"，所以在图纸中显示为矩形框，矩形框的大小与部件库中定义的尺寸大小一致。可以将 CAD 的图形符号导入 EPLAN 中，将 CAD 图形符号保存为 2D 布局图"符号宏"。选中布局图符号，鼠标右键选择创建"窗口宏/符号宏"选项，如图 5-94所示。

图 5-93　设备放置

图 5-94　布局图符号宏创建

　　在弹出的"另存为"对话框中，设置宏的保存目录，定义文件名为"MG. 33441_2D. ema"，表达类型选择"安装板布局"，在"附加"下拉列表框中选择"定义基准点"，如图 5-95 所示。

在图纸中选择 CAD 图形的基准点，单击"确定"按钮，完成 2D 布局图符号宏的创建，如图 5-96 所示。

图 5-95　布局图符号宏设置

图 5-96　基准点定义

打开"部件库管理器"，在"安装数据"选项中设置设备的宽、高、深数据，在"图形宏"栏选择创建的 2D 布局图符号宏，设置安装间隙尺寸，如图 5-97 所示。

图 5-97　部件数据设置

部件库数据完善之后，同步部件库数据，将设备从 2D 安装板导航器中放置在安装板上。图纸中的 2D 布局图符号自动显示已关联的图形宏符号。将其他设备也按照此方法逐一放置到安装板上，如图 5-98 所示。

图 5-98 安装板设备放置

视频 5-9
安装板

5.6.4　更新部件和组件

在设计过程中，如果修改了部件库中的数据，例如，设备的宽、高、深等数据，则在 2D 安装板板布局图中，选中已修改的设备，鼠标右键选择"更新主要组件"或"更新部件尺寸"选项，如图 5-99 所示。

更新部件尺寸或组件数据后，需要重新放置 2D 布局图符号，放置后软件自动显示更新后的图形数据。

5.7　生成报表

执行"工具"→"报表"→"生成"命令，在弹出的界面中添加手动报表和模板报表，如图 5-100 所示。

图 5-99 更新部件和组件

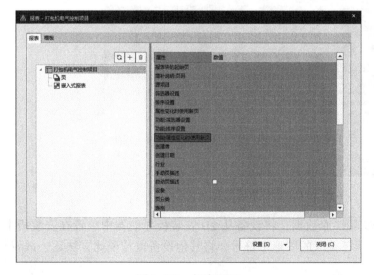

图 5-100 报表界面

5.7.1　设置

在生成报表之前，首先对报表进行设置，单击"报表"界面右下角的"设置"按钮，在下拉列表框中选择"输出页"选项，在弹出的"设置：输出为页"对话框中选择各种报表类型的模板及进行报表内容的相关设置，如图 5-101 所示。

图 5-101　输出页设置

设置"部件"选项，勾选"端子排部件""端子部件""插头部件""插针部件""母线部件"，取消勾选"无部件编号的设备"选项，如图 5-102 所示。

5.7.2　模板报表生成

在"报表"界面中，单击"模板"选项卡，在"模板"选项卡下新建报表类型，如图 5-103 所示。

图 5-102　部件设置

图 5-103　新建模板报表

首先选择"标题页/封页"报表类型，生成项目的封面内容，如图 5-104 所示。

在弹出的界面中选择"标题页/封页"生成的高层代号，勾选"自动页描述"选项，如图 5-105 所示。

图 5-104　标题页/封页　　　　　　图 5-105　设置"标题页/封页"结构

采用同样的方式在"模板"中添加"目录"报表。在生成项目清单报表时，在高层代号"REPORT（报表）"的"PARTS（部件表）"位置代号下生成部件汇总表和设备列表，如图 5-106 所示。

在"模板"中添加其他几种报表，添加完成后如图 5-107 所示。

图 5-106　部件表　　　　　　图 5-107　模板中的各类报表

执行"工具"→"报表"→"生成项目模板"命令，如图 5-108 所示。

图 5-108 生成项目模板命令

执行"生成项目报表"命令后,"一键式"在页导航器中生成报表"模板"中加载的所有报表类型,如图 5-109 所示。

图 5-109 "一键式"报表生成

5.7.3 生成箱柜设备清单

箱柜设备清单属于嵌入式报表,在生成箱柜设备清单之前首先打开要放置的 2D 安装板布局图纸,然后设置"输出页"中的箱柜设备清单报表模板,如图 5-110 所示。

图 5-110 箱柜设备清单报表模板选择

"输出页"设置完成后，在"报表"界面中的"报表"选项卡中，单击"新建"按钮。在弹出的"确定报表"对话框中选择"输出形式"为"手动放置"，选择报表类型为"箱柜设备清单"，勾选"当前页"选项，如图5-111所示。

图5-111　箱柜设备清单输出设置

设置完成后，单击"确定"按钮，将箱柜设备清单报表放置在2D安装板图纸中，如图5-112所示。

视频5-10
生成箱柜报表

图5-112　箱柜设备清单放置

5.7.4　报表更新

报表生成之后，通过报表来评估原理图的设计，对原理图中未选型的设备进行选型，对原理图接线顺序有误的地方，需要调整接线方向。将原理图修改完成之后，需要再次更新报表内容。如果要更新整个项目报表，需要选中项目名称；如果只是更新某一类报表，可以选中该报表的位置代号，执行"工具"→"报表"→"更新"命令，即可实现报表内容的更新，如图5-113所示。

图 5-113　报表更新

5.8　本章小结

本章重点介绍了面向对象设计中的 PLC 三种设计方法以及 2D 安装板布局图的设计。根据项目的实际需要以及 PLC 的类型，可以选择三种设计方法进行灵活设计。在 2D 机柜布局图设计中，可以在部件库中关联安装板图形宏，软件将根据安装数据信息自动驱动符号宏的大小。

第6章 某消防风机设计系统

消防风机项目的原理本身不是特别复杂，但是在工艺过程中对报表有一定的要求，由于项目多次被修改，所以需要进行版本管理。本章重点讲述主数据的定制、项目管理和模板保存等内容。EPLAN 主数据包括符号、图框和表格，符号的新建在第 3 章节已有介绍。在本章中主要介绍企业图框和工艺报表的定制，这也是企业个性化定制的一项内容。翻译功能主要针对国外的设计项目，通过翻译功能可以快速完成各种项目语言之间的切换。在项目设计过程中图纸的修改是经常发生的事，如何对项目版本及修改内容进行管理就需要使用软件的修订功能。

6.1 项目新建

首先创建消防风机项目，执行"文件"→"新建"命令，在弹出的"创建项目"对话框中定义项目名称，选择项目保存路径和模板，填写创建日期和创建者，如图 6-1 所示。

单击"确定"按钮，软件自动导入模板及主数据信息，弹出"项目属性"对话框，定义项目"属性"和"结构"内容，如图 6-2 所示。

图 6-1 项目新建

图 6-2 项目属性

完成项目属性配置后，单击"确定"按钮，项目名称自动显示在页导航器中，完成项目新建，如图 6-3 所示。

图 6-3　完成项目新建

6.2　主数据定制

6.2.1　图框定制

项目新建完成后，执行"主数据"→"图框"命令新建图框。新建图框有三种方式：
- 复制软件自带图框模板，修改模板图框外形。
- 新建一个全新的图框，添加图框属性及绘制图框外形。
- 复制软件自带图框模板，删掉模板图框外形，导入 CAD 图框外形。

在这里采用第三种新建图框方式，这种方式既可以减少添加图框属性的工作量，又能省去绘制图框外形的工作。

首先复制一个软件自带的 A3 图框模板，执行"主数据"→"图框"→"复制"命令，如图 6-4 所示。

在弹出的"复制图框"对话框中，选中"FN1_001"图框，单击"打开"按钮，如图 6-5 所示。

图 6-4　图框复制命令

图 6-5　复制图框

弹出"创建图框"对话框，在"文件名"栏填写新建图框的名称，如图 6-6 所示。

单击"保存"按钮，在页导航器中显示新建的图框名称，在图形编辑器中显示图框外形及相关属性，如图 6-7 所示。

图 6-6　创建图框　　　　　　　　　　　　　　图 6-7　打开新建图框

在图框编辑器中，首先将默认图框移至图形区右侧，为了确定图框的坐标原点，我们通过绘制一个"矩形"，在矩形属性中输入"起点"坐标和"终点"坐标，如图 6-8 所示。

单击"确定"按钮，矩形框的左下角即为坐标原点，如图 6-9 所示。

图 6-8　输入起点终点坐标　　　　　　　　　　图 6-9　图框坐标原点

图框原点确定后，将 CAD 图框导入图框编辑界面中，执行"插入"→"图形"→"DXF/DWG"命令，如图 6-10 所示。

图 6-10　导入 CAD 图框命令

在弹出的"DXF/DWG 文件选择"对话框中，选择 CAD 图框路径及文件，单击"打开"按钮，如图 6-11 所示。

在弹出的"DXF/DWG 导入"对话框中，选择"默认"配置，单击"确定"按钮。在弹

出的"导入格式化"对话框中，输入图框"宽度"数值为"420 mm"，"高度"数值为
"297.00 mm"，这是 A3 图框的标准尺寸，如图 6-12 所示。

视频 6-1
CAD 图框定义

图 6-11　选择 CAD 图框文件　　　　图 6-12　CAD 图框格式定义

　　单击"确定"按钮，将导入的 CAD 图框的左下角与"矩形"框的"左下角"重合，在放
置 CAD 图框时一定要将"捕捉"打开，设置栅格为"A"，如图 6-13 所示。

　　放置完成后，删除矩形框。导入的 CAD 图框为 8 行 10 列图框，在图框"属性"中添加
"行高"和"列宽"属性。在添加属性之前，设置显示属性编号，单击"文件"→"设置"
→"用户"→"显示"→"用户界面"选项，在右侧的窗口中勾选"显示标识性的编号"和
"在名称后"两个选项，如图 6-14 所示。

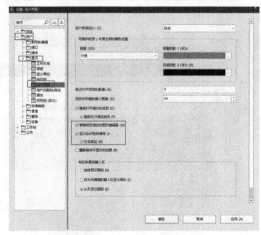

图 6-13　CAD 图框导入　　　　　　图 6-14　设置属性编号显示

　　单击"确定"按钮，设置完后，在页导航器中选中图框文件，单击鼠标右键单击"属性"
命令，如图 6-15 所示。

　　弹出的"图框属性"对话框中，可以看到属性名称后面有编号显示，例如，梯数<12007>
后面的数字编号。由于该新建图框属于复制的模板图框，所以在图框属性中已自带部分属性，

这样可以防止在新建图框时遗漏部分属性，导致图框出现问题。在图框属性中，设置图框"列数"为"10"，"行数"为"8"，"图框尺寸 X 轴"为"420.00 mm"，"图框尺寸 Y 轴"为"297.00 mm"，如图 6-16 所示。

图 6-15　图框属性命令

图 6-16　图框行列数及尺寸配置

单击图框属性栏中的⊞按钮，添加"行高"属性。在默认图框属性中已有 10 个"列宽"属性，1 个"行高"属性，所以不用再添加"列宽"属性，需再添加 7 个"行高"属性，在属性列表中可一次选中多个"行高"属性进行添加，如图 6-17 所示。

单击"确定"按钮，完成"行高"属性名的添加，如图 6-18 所示。

图 6-17　添加多个"行高"属性

图 6-18　行高属性

完成"列宽"和"行高"属性添加后，单击"确定"按钮，在图框编辑界面中，计算图形上的"列宽"和"行高"数值。CAD 图框中的行、列都是等间距分配，列的起点向 X 轴偏移了 24 mm，在列的终点处有 4 mm 边框；行的终点向 Y 轴偏移了 24 mm，在行的起点处有 5 mm 的列高，如图 6-19 所示。

图 6-19　行/列范围

根据 A3 图框的标准尺寸 420 mm * 297 mm，计算每列的"列宽"为（420-24-4）/10 = 39.2 mm，每行的"行高"为（297-24-5）/8 mm = 33.5 mm。在图框属性中的每个"列宽"数值中填入"39.20 mm"，每个"行高"数值中填入"33.50 mm"。由于图框的绘图区未在坐标原点处，所以需要在图框属性中添加"栅格偏移 X"和"栅格偏移 Y"属性名，根据 CAD 图框的偏移量设置数值为"24.00 mm"，如图 6-20 所示。

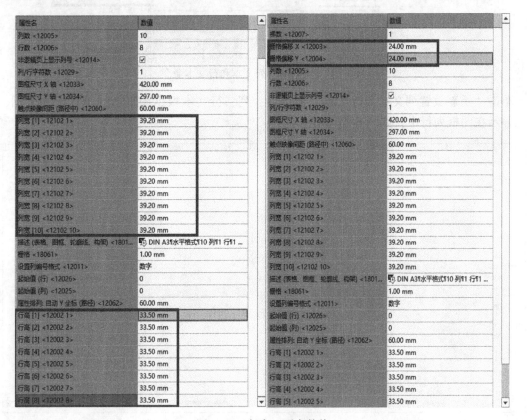

图 6-20　行高、列宽数值

设置完成图框属性中的"行高""列宽"数值之后，在图框编辑器界面中添加"特殊文本"。在 CAD 图框的列数字和行字母处添加"列文本"和"行文本"，执行"编辑"→"其它"→"插入列文本/插入行文本"命令，如图 6-21 所示。

图 6-21 图框行列文本

将"列文本"和"行文本"一一放置在图框列行中，另外可以执行"编辑"→"其它"→"重新放置列文本和行文本"命令，可快速将所有的列、行文本一次自动放置在图框列行中，如图 6-22 所示。

图 6-22 重新放置列文本和行文本命令

单击"重新放置列文本和行文本"命令后，列、行文本根据图框属性中设定的数据，将自动显示在图框列行中，如图 6-23 所示。

图 6-23 快速添加列、行文本

修改图框中的"列号""行号"格式方向为"中部居中"，选中一个"行号"单击鼠标右键选择"相同类型的对象"，如图 6-24 所示。

这样图框中的"列号"和"行号"全部被选中，然后选中一个"行号"单击鼠标右键选择"属性"，在属性"格式"栏中设置"方向"为"中部居中"，如图 6 - 25 所示。

单击"确定"按钮，分别框选"列号"和"行号"，将其移动至在图框的列数字和行字母处，"列号"和"行号"的字体、颜色可以根据之前 CAD 的数字和字母格式进行设置，设置完成后删除原有的数字和字母，如图 6-26 所示。

图 6-24　"相同类型的对象"命令

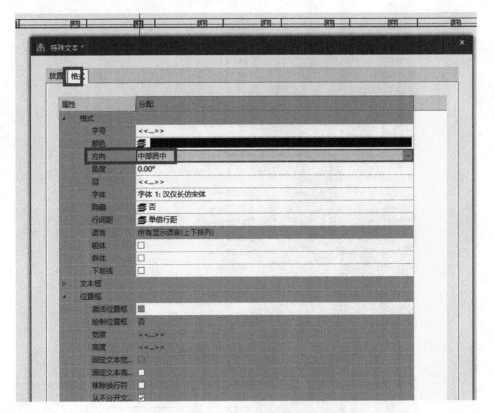

图 6-25　修改列/行号方向

设置完成后，打开"图框属性"界面。添加"设置列编号格式""设置行编号格式"和"起始值（列）""起始值（行）"属性名，设置"列/行字符数"为"1"，"设置列编号格式"为"数字"，"起始值（列）"为"1"；"设置行编号格式"显示为"字母数字"，"起始值（行）"为"0"，如图 6-27 所示。

图 6-26 图框列号和行号

图 6-27 列/行号格式属性设置

在图框标题栏的上方选择合适的位置，生成在路径中的触点映像，也就是继电器或接触器线圈下方的映像触点生成的位置。选择距离标题栏最近的一个"行分隔线"为触点映像生成的位置，选择"行分隔线"作为触点映像生成的位置也是为了在绘制原理图时，将图纸绘制在触点映像以上，防止图与触点映像发生重叠现象，影响图纸的美观。测量其与底部之间的距离为 57.5 mm，如图 6-28 所示。

图 6-28　触点映像距离

在图框属性中，设置"触点映像间距（路径中）"为"57.50 mm"，如图 6-29 所示。

设置完成后，关闭图框文件，在弹出的"主数据同步"对话框中，单击"是"按钮。新建多线原理图测试新建图框的列/行号、交互参考及映像触点距离是否显示正确。新建多线原理图时，在"页属性"界面中选择"图框名称"为"MJ_A3 图框"，如图 6-30 所示。

视频 6-2
图框设定

图框尺寸 X 轴 <12033>	420.00 mm
图框尺寸 Y 轴 <12034>	297.00 mm
触点映像间距(路径中) <1...	57.50 mm
列宽 [1] <12102 1>	39.20 mm
列宽 [2] <12102 2>	39.20 mm
列宽 [3] <12102 3>	39.20 mm
列宽 [4] <12102 4>	39.20 mm
列宽 [5] <12102 5>	39.20 mm
列宽 [6] <12102 6>	39.20 mm

图 6-29　触点映像间距属性值设置

属性名	数值
表格名称 <11015>	
图框名称 <11016>	MJ_A3图框
比例 <11048>	1:1
栅格 <11051>	4.00 mm
图号 <11030>	

图 6-30　图框选择

选择完成后，单击"确定"按钮，打开多线原理图，查看"列号"和"行号"是否为数字和字母，包括起始值的显示。在图框中插入线圈和触点符号，查看交互参考是否显示行、列坐标及线圈下方的触点映像生成位置是否在设定的"行分隔线"处。经过测试，新建图框的列/行号、交互参考及触点映像显示正确，如图 6-31 所示。

图框列/行测试完成后，打开图框编辑器，添加标题栏中显示的"项目属性"和"页属性"。可以将软件自带的图框模板中的属性名添加到新建的图框中，通过查看图框模板标题栏中的名称与属性名的对应关系，可以帮助我们了解所要添加属性的含义及完成属性快速添加。可以将图框模板中的"位置代号"放置在新建图框的"柜号"处，将"页描述"放置在"图名"处，将"图号"放置在"图纸编号"处，将"页名"放置在"第 页"处等，如图 6-32 所示。

图 6-31 图框列/行测试

柜号：	*位置代号		MJ SOFTMAT 上海沐江计算机技术有限公司	项目编号 项目编号		图纸编号 图号		版本号：	
图名：	页描述			工程名称				数量：	
				项目名称				第 页名 页	
								共 总页数 页	

图 6-32 属性添加

　　软件自带图框中没有的属性可以执行"插入"→"文本"→"项目属性/页属性"命令来添加，至于这个属性是在项目属性还是页属性中，这就需要查看一下各个属性名称后面的数值后进行添加。例如，新建图框标题栏中的"设计"属性，这个在软件自带属性中是没有的，所以需要用"用户增补说明"进行代替，如果这个项目是一个人设计的，希望每页图纸中的设计人员都是同一个人，那么可以用"项目属性"中的"用户增补说明"进行替代。如果在项目协同设计时需要知道哪些图纸是谁设计的，就可以用"页属性"中的"用户增补说明"进行替代。总而言之，"项目属性"中的属性名类似"全局变量"，"页属性"中的属性名类似"局部变量"。新建图框中的"项目名称"属于项目属性中，单击"确定"按钮进行添加，如图 6-33 所示。

　　将"页"属性中的"修订索引"和"修订描述"属性名添加到新建图框的"变更批次"和"变更说明"栏中，如图 6-34 所示。

　　在新建图框标题栏中依次添加其他与之对应的属性名，添加完成后删掉默认图框模板，如图 6-35 所示。

　　关闭图框文件，在弹出的"主数据同步"对话框中单击"是"按钮。执行"文件"→"设置"→"项目（项目名称）"→"管理"→"页"命令，设置"默认图框"为"MJ_A3图框"，如图 6-36 所示。这样项目中新建的页都会选择默认图框。

图 6-33　项目属性

图 6-34　页属性

图 6-35　图框标题栏属性

图 6-36　默认图框设置

　　设置完成后，打开"项目属性"对话框，填写"批准日期""批准"及"项目编号"等项目属性内容，如图 6-37 所示。

　　在页导航器中，新建一张多线原理图，在"页属性"中定义完整页名，填写页描述和图号信息，如图 6-38 所示。

图 6-37　项目属性填写

视频 6-3
图框属性验证

图 6-38　页属性填写

单击"确定"按钮，打开新建的多线原理图，在图框标题栏自动显示"项目属性"和"页属性"中填写的信息，如图 6-39 所示。

设计	Sean	柜号：	+ET	沐江	项目编号	XFFJ-45A-DQ (V01)	图纸编号	DQYL-45A-0001	版本号：	
校核	Bill				工程名称				数　量：	
批准	Chris	图名：	电机主回路原理图		项目名称	某消防风机控制系统			第　1　页	
日期	2016/12/2			上海沐江计算机技术有限公司					共　1　页	

图 6-39　图框标题栏信息

6.2.2 标题页定制

标题页主要用于项目封面，有时也被用作技术规范图纸，例如，项目中的导线定义、线号命名规则说明等标准化文档。新建一个如图 6-40 样式的封面。第一行为项目名称，第二行为图纸类型，第三行为项目编号，第四行为公司名称，第五行为项目创建日期。

新建标题页的方法与新建图框方法类似，首先复制一个软件自带的标题页模板。执行"主数据"→"表格"→"复制"命令，如图 6-41 所示。

某消防风机控制系统

电气设计图

XFFJ-45A-DQ

××××公司

2021-12-10

图 6-40 CAD 封页

图 6-41 标题页复制命令

在弹出的"复制表格"对话框中，在下方"文件类型"栏中选择"标题页/封页（*.f26）"类型，在软件自带的标题页模板中选择"F26_003.f26"文件。单击"打开"按钮，如图 6-42所示。

图 6-42 复制标题页

在"创建表格"对话框中的"文件名"处填写新建标题页的名称为"MJ_A3 封页"，如图 6-43 所示。

单击"保存"按钮，软件在页导航器中自动打开已复制的标题页，如图 6-44 所示。

图 6-43　创建标题页

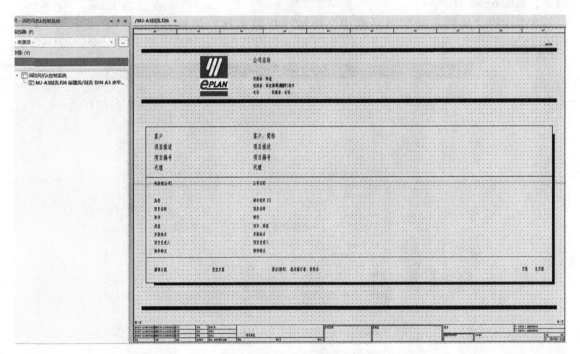

图 6-44　已复制的标题页

由于软件自带标题页的图框和新建的图框不一致，所以有部分图形超出了图框绘图区。这也要求在新建标题页或报表模板时，一定要选择自己新建的图框进行标题页或报表的新建，否则制作的表格将不在图框绘图区内。如果已复制的标题页不是自己新建的图框，通过单击页导航器中标题页名称"MJ_A3 封页"，鼠标右键选择"属性"，在弹出的"表格属性"对话框中，单击+按钮，添加"用于表格编辑的图框"属性，选择自己新建的图框，如图 6-45 所示。

图 6-45 标题页图框修改

图框选择完成后，单击"确定"按钮。在表格编辑器中，删除模板自带的图形和部分属性名，执行"插入"→"文本"→"项目属性"命令，如图 6-46 所示。

在弹出的"属性选择"对话框中，添加"项目名称"属性，如图 6-47 所示。

图 6-46 项目属性

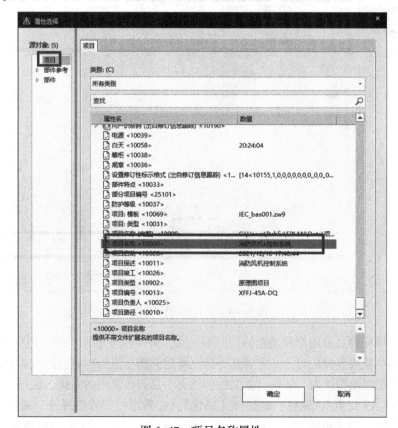

图 6-47 项目名称属性

其他属性名如"项目编号""公司名称""创建日期"等属性名按照此方法依次添加到标题页中。为了保证新建标题页中的属性名与之前 CAD 封页的格式及位置一致，可以将 CAD 图形导入标题页中，根据 CAD 封页中各名称的字体大小及颜色设置属性名的颜色及大小，如图 6-48 所示。

图 6-48　设置属性名格式

将各个属性名与对应文字重合，修改属性名颜色，"电气设计图"可以采用之前 CAD 图形。修改完成后，删除之前 CAD 封页内容，如图 6-49 所示。

图 6-49　新建标题页

在页导航器中单击鼠标右键关闭标题页文件，并且新建一张多线原理图页，否则标题页无法生成。执行"工具"→"报表"→"生成"命令，在弹出的界面中单击"设置"→"输出页"选项，设置"标题页/封页"表格模板，如图 6-50 所示。

图 6-50　设置标题页/封页模板

单击"确定"按钮后，在"报表-项目名称"对话框的"报表"选项卡中单击⊞按钮，选择"标题页/封页"报表类型，如图 6-51 所示。

图 6-51　新建标题页/封页

单击"确定"按钮，在页导航器中自动生成项目封页图纸，如图 6-52 所示。
在项目属性中修改"项目编号""公司名称"等数值，如图 6-53 所示。

图 6-52 自动生成的标题页/封页

图 6-53 修改项目属性数值

修改完成后，单击"确定"按钮，软件会实时更新"标题页/封页"中的内容，如图 6-54 所示。

图 6-54　项目封页

如果测试过程中有问题，在"工具"→"主数据"→"表格"→"打开"
"MJ_A3 封页"文件，按照前面所讲内容进行修改。例如，标题页中的时间显示
格式，如果不符合要求，可以将其替换为"用户增补说明"属性名，然后在项
目属性中填写数值。

视频 6-4
标题页设定

6.2.3　部件汇总表定制

部件汇总表作为项目元件采购的物料清单，可将项目中相同部件编号设备进行汇总统计。
部件汇总表的格式每个公司都不一样，但是部件汇总表中的主要列项都是一致的，例如，部件
编号、部件名称、数量、供应商等信息。例如，按照图 6-55 的采购物料表样式定制部件汇总
表格式。

序号	部件型号	名称	类型号	订货编号	数量	供应商
1	PXC.3031212	带弹簧连接点的贯通式端子	ST 2,5	3031212	107	PXC
2	SIE.3RV10 21-1JA15	电机保护开关	3RV10 21-1JA15	3RV10 21-1JA15	48	SIEMEN
3	ADVU-100-50-P-A	紧凑气缸	156583	ADVU-100-50-P-A	6	FESTO
4	MEBH-5/3G-1/8-B-110AC	电磁阀	173051	MEBH-5/3G-1/8-B-110AC	3	FESTO
5	GRLA-1/4-B	止回节流阀	GRLA-1/4-B	151172	12	FESTO
6	U-1/4	消音器	2316	U-1/4	6	FESTO
7	NEV-02-01-VDMA	端面板安装组件	191405	NEV-02-01-VDMA	6	FESTO
8	NAW-1/8-02-VDMA	联结板	161110	NAW-1/8-02-VDMA	3	FESTO
9	SIE.6ES7390-1AE80-0AA0	SIMATIC S7-300,异型导轨	6ES7390-1AE80-0AA0	6ES7390-1AE80-0AA0	1	SIEMEN
10	SIE.6ES7315-2AG10-0AB0	SIMATIC S7-300,带 MPI 的中央部件组	6ES7315-2AG10-0AB0	6ES7315-2AG10-0AB0	1	SIEMEN
11	SIE.6ES7321-1BH02-0AA0	SIMATIC S7-300,数字输入 SM 321	6ES7321-1BH02-0AA0	6ES7321-1BH02-0AA0	1	SIEMEN
12	SIE.6ES7322-1BH01-0AA0	SIMATIC S7-300,数字输出 SM 322	6ES7322-1BH01-0AA0	6ES7322-1BH01-0AA0	1	SIEMEN
13	PILZ.777310	急停保险开关设备	PNOZ X3P	777310	1	PILZ
14	SIE.5SG1300	NEOZED-嵌入式熔丝座	5SG1300	5SG1300	1	SIEMEN
15	SIE.5SE2306	NEOZED 熔丝	5SE2306	5SE2306	1	SIEMEN
16	SIE.5SX2102-8	微型(小型)断路器	5SX2102-8	5SX2102-8	2	SIEMEN
17	SIE.3-pole Neozed fuse 25A	3-相 Neozed 熔断器 25A kpl.	3-polige Neozed-Sicherung 25 A kpl		1	SIEMEN
18	SIE.5SG5700	NEOZED-嵌入式熔丝座	5SG5700	5SG5700	2	SIEMEN
19	SIE.5SE2325	NEOZED 熔丝	5SE2325	5SE2325	6	SIEMEN
20	SIE.5SH5025	NEOZED (螺旋式)适配插座	5SH5025	5SH5025	6	SIEMEN
21	SIE.5SH4362	NEOZED 瓷质螺盖	5SH4362	5SH4362	6	SIEMEN
22	SIE.3SB3217-6AA40	全套设备,圆形指示灯	3SB3217-6AA40	3SB3217-6AA40	5	SIEMEN
23	SIE.3SB3217-6AA20	全套设备,圆形指示灯	3SB3217-6AA20	3SB3217-6AA20	3	SIEMEN
24	SIE.3LD9 284-3B	开关 3LD2 的旋转传动装置	3LD9 284-3B	3LD9 284-3B	1	SIEMEN
25	SIE.3LD2 514-0TK53	主开关/急停开关	3LD2 514-0TK53	3LD2 514-0TK53	1	SIEMEN

图 6-55　采购物料表

执行"主数据"→"表格"→"新建"命令,在弹出的"创建表格"对话框中选择"保存类型"为"部件汇总表 (*.f02)",定义"文件名"为"MJ_部件汇总表",如图 6-56 所示。

图 6-56　创建部件汇总表

单击"保存"按钮,在弹出的"表格属性"对话框中设置"表格处理"为"动态",如图 6-57 所示。在 EPLAN 软件中"表格处理"包括静态和动态两种。静态表格中的行数及图形都是固定绘制好的,而动态表格可以根据项目数据自动调整报表行数显示,在部件汇总表中采用动态表格形式显示。

图 6-57　表格属性

单击"确定"按钮,新建部件汇总表在页导航器中打开,确保表格图框为自己新建图框,如图 6-58 所示。

图 6-58　打开部件汇总表

在图框绘图区添加"动态区域"图形，首先添加部件汇总表的"标题"区域，执行"插入"→"表格"→"标题"命令，如图 6-59 所示。

图 6-59　标题区域

将"标题"命令附系于鼠标上，在绘图区绘制一个矩形，如图 6-60 所示。

图 6-60　标题区域绘制

将"数据范围""数据区页脚"区域按照"标题"的插入方式，绘制在图纸上，如图 6-61 所示。

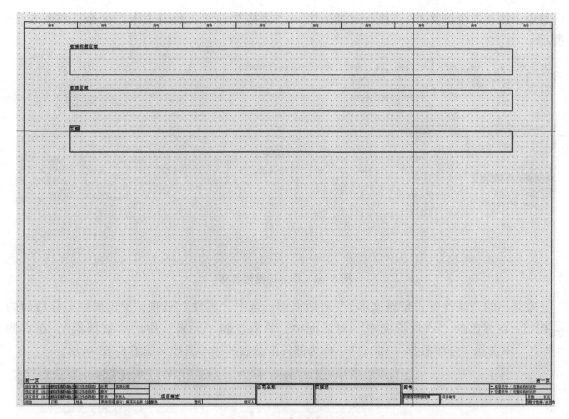

图 6-61　添加动态区域

"标题范围""数据范围"及"数据区页脚"的边框在生成部件汇总表时是不显示的,所以为了使部件汇总表有图形边框,通过绘图工具中的"长方形"框选"标题范围"和"数据范围"外边框,如图 6-62 所示。

图 6-62　绘制动态区域外边框

单击绘图工具中"直线"将"标题范围"和"数据范围"的矩形框分成 7 段,单击绘图工具中的"文本"按钮,在 7 段标题栏中填写部件汇总表的列名称,如图 6-63 所示。

"标题范围"中添加的都是文本信息,在生成部件汇总表时作为表头显示。在"数据范围"

区域中添加"占位符文本"，执行"插入"→"表格"→"占位符文本"命令，如图 6-64 所示。

图 6-63 添加标题栏名称

在弹出的"属性（占位符文本）"对话框中，选中"属性"选项，单击属性名称后面的 ▦ 按钮，在弹出的"占位符文本"对话框中，单击左侧"元素"中的"数据集"，在右侧 "类型"中选择"连续数据（13063）"作为部件汇总表的序号属性，如图 6-65 所示。

图 6-64 插入　　　　　　　　　　图 6-65 部件汇总表序号属性
"占位符文本"命令

将"连续数字"属性放置到"数据范围"的第一列中，如图 6-66 所示。

"连续数字"属性放置完成后，后面列中的"部件型号""名称""类型号""订货编号" 和"供应商"都属于"占位符文本"属性下的"部件"元素中的类型属性，如图 6-67 所示。

按照添加"连续数字"的方法将部件其他属性一一添加到"数据范围"中，如图 6-68 所示。

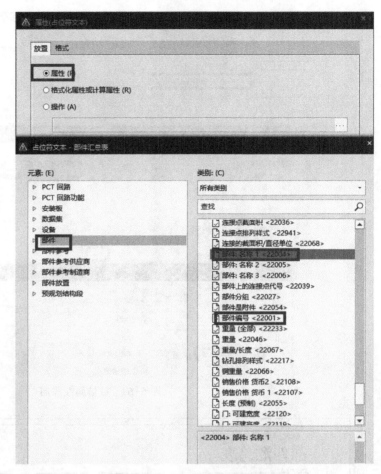

数据标题区域

序号	部件编号

数据区域

数据集 / 连续数字

页脚

图 6-66 放置"连续数字"属性

图 6-67 部件其他属性添加

数据标题区域							
序号	部件编号	名称	类型号	订货编号	数量	供应商

数据区域

数据集 / 器续数字部件编号	部件 / 部件:名称 1 部件 / 类型号码	部件 / 订货编号	部件 / 供应商

页脚

图 6-68 部件元素属性

在添加"数量"属性时，在"属性（占位符文本）"界面中需要选择"格式化属性或计算属性"选项，单击属性名称后面的⚏按钮，在弹出的"占位符文本"对话框中，选中左侧"可用的格式元素"中的"部件参考"，单击➡按钮，在弹出的"格式：块属性"对话框中选择"件数/数量（20482）"，如图 6-69 所示。

单击"确定"按钮，将"格式"属性放置在"数据范围"中的"数量"列中。在"标题范围"的上方添加"部件汇总表"文本，部件汇总表中的所有属性添加完成，如图 6-70 所示。

图 6-69　数量属性添加

图 6-70　部件汇总表属性

　　在页导航器中打开"MJ_部件汇总表"属性，在弹出的"表格属性"对话框中，根据测量"数据范围"的高度为 8 mm，标题栏到图框底部的距离为 226 mm，设置部件汇总表在一页中显示的行数为 28，如图 6-71 所示。

图 6-71　行数/行高设置

由于项目张生成的部件汇总表数量比较多，如果逐个修改报表页描述比较麻烦，可以单击"表格属性"界面中的 + 按钮，添加"设置自动页描述格式"属性，如图 6-72 所示。

图 6-72　添加"设置自动页描述格式"属性

单击"设置自动页描述格式"属性后面的设置按钮，在弹出的对话框中选择"页类型/格式类型"，单击 ➡ 按钮，将其添加到右侧的"所选的格式元素"中，如图 6-73 所示。在生成部件汇总表时自动显示"部件汇总表"页描述。

设置完成之后，在页导航器关闭"部件汇总表"文件。在报表"输出为页"中设置"部件汇总表"模板为"MJ_部件汇总表"，如图 6-74 所示。

图 6-73　设置自动页描述格式

图 6-74　设置部件汇总表模板

在页导航器中生成部件汇总表，查看部件汇总表页描述及显示数据格式是否正确，如图 6-75
所示。

图 6-75 自动生成部件汇总表

部件汇总表要根据项目数据进行不断测试和修改，直至测试没有任何问题，则部件汇总表定制完成。如果有问题，返回到"部件汇总表"编辑器中继续进行修改和调整。

视频 6-5
部件汇总表

6.2.4 连接列表定制

连接列表也就是设备与设备之间的各个连接点的"从到"关系，其中包括电线的"连接""截面积""颜色"和"长度"等信息，如图 6-76 所示。

连接列表

连接	源	目标	截面积	颜色	长度	页/列 1
24VAC1	=FB1+L1-KA11:7	=FB1+L1-KA12:7	0.75	RD		=FB1+L1/2.2:B
	=FB1+L1-KA12:7	=FB1+L1-KA13:7	0.75	RD		=FB1+L1/2.4:B
6S24V1	=FB2+L1-SP3:BN	=FB2+L1-SP4:BN				=FB2+L1/3.2:C
6S24V1	=FB2+L1-SP4:BN	=FB2+L1-SP5:BN				=FB2+L1/3.4:C
6S24V1	=FB2+L1-SP5:BN	=FB2+L1-SP6:BN				=FB2+L1/3.5:C
6S24V1	A2:1	A2:3				=FB1+L1/3.1:B
Y20	A2:23	=FB1+L1-KA11:A1				=FB1+L1/5.2:B
6S24V1	=FB1+L1-KA11:A2	=FB1+L1-KA13:A2				=FB1+L1/5.2:D
6S24V1	=FB1+L1-KA12:A2	=FB1+L1-KA13:A2				=FB1+L1/5.4:D
01031	=FB1+L1-KM1:2	=FB1+L1-QF2:1				=FB1+L1/1.3:B
01036	=FB1+L1-KM1:4	=FB1+L1-QF2:3				=FB1+L1/1.3:B
010311	=FB1+L1-KM1:6	=FB1+L1-QF2:5				=FB1+L1/1.3:B
01063	=FB2+L1-KM5:2	=FB2+L1-QF3:1				=FB2+L1/1.7:B
01062	=FB2+L1-KM5:4	=FB2+L1-QF3:3				=FB2+L1/1.7:B
01051	=FB2+L1-KM5:6	=FB2+L1-QF3:5				=FB1+L1/1.7:B
24VAC1	=FB1+L1-KA11:7	=FB1+L1-QF7:2	0.75	RD		=FB1+L1/2.2:B
02043	=FB1+L1-KA12:11	=FB1+L1-KM3:21	0.75	RD		=FB1+L1/2.4:B
02075	=FB1+L1-KA13:11	=FB1+L1-KM2:21	0.75	RD		=FB1+L1/2.7:B
02021	=FB1+L1-KA11:11	=FB1+L1-QF2:95	0.75	RD		=FB1+L1/2.2:B
24VAC2	=FB1+L1-KM1:A2	=FB1+L1-KM2:A2	0.75	RD		=FB1+L1/2.4:B
	=FB1+L1-KM2:A2	=FB1+L1-KM3:A2	0.75	RD		=FB1+L1/2.4:B
02044	=FB1+L1-KM2:A1	=FB1+L1-KM3:22	0.75	RD		=FB1+L1/2.4:B
02076	=FB1+L1-KM2:22	=FB1+L1-KM3:A1	0.75	RD		=FB1+L1/2.7:C
02022	=FB1+L1-KM1:A1	=FB1+L1-QF2:96	0.75	RD		=FB1+L1/2.2:B
24VAC2	=FB1+L1-KM1:A2	=FB1+L1-QF8:2	0.75	RD		=FB1+L1/2.2:B
	=POW+L1-KM7:2	=FC1+L1-MR3:1	1.5	BK		=FC1+L1/1.1:B
	=POW+L1-KM7:4	=FC1+L1-MR3:2	1.5	BK		=FC1+L1/1.1:B
	=POW+L1-KM7:4	=FC1+L1-MR3:2	1.5	BK		=FC1+L1/1.1:B
3L1	=POW+L1-KM7:2	=FC2+L1-MR3:1				=FC1+L1/1.1:B
3L2	=POW+L1-KM7:4	=FC2+L1-MR3:2				=FC1+L1/1.1:B

图 6-76 连接列表

在国内大部分企业都是依照原理图进行设备接线，这个无疑对接线工人的电气水平有一定的要求，而且这中间还可能存在接错线或漏线等错误。

采用"连接列表"的接线方式是依照 DIN 标准（德国工业标准）将原理图中的所有连接关系以表格的形式体现出来。接线工人通过表格中的线型及"从到"关系完成所有设备的接线。如果原理图做了修改，只需将连接列表一键更新，所有的连接关系将自动更新。只要原理图设计没有问题，连接列表中的信息就不会出现漏线等问题，保证了工艺接线的准确性。

由于软件中自带的连接列表模板包含一些不太常用的信息，而且每个公司的连接列表格式都不一样，所以可以新建自己风格连接列表形式。首先可以复制一个软件自带的"连接列表"类型的表格文件，执行"主数据"→"表格"→"复制"命令，如图 6-77所示。

图 6-77 表格"复制"命令

在弹出的"复制表格"对话框中，在"文件类型"选项中选择"连接列表（*.f27）"类型，在软件自带的连接列表模板中选择"F27_002"表格，如图 6-78 所示。

图 6-78 复制连接列表

单击"打开"按钮，在弹出的"创建表格"对话框中，定义新建的表格名称为"MJ_连接列表"，如图 6-79 所示。

单击"保存"按钮，软件自动在页导航器中打开新建的连接列表，如图 6-80 所示。

复制的连接列表为"动态"表格，所以已经添加了"动态区域"和"占位符文本"，只需做一些修改即可。在 EPLAN 软件中表格属性比较多，所以建议读者最好是在软件默认模板基础上进行修改，防止产生一些不必要的错误。将"连接列表"表格中的属性和图形移至绘图区，修改"标题栏"中的列名称，如图 6-81 所示。

执行"插入"→"占位符文本"命令，添加"长度"属性。在弹出的"属性（占位符文本）"对话框中单击██按钮，在弹出的"占位符文本-连接列表"对话框中单击左侧的"连接"，选择右侧显示的"带单位的长度（31003）"属性，如图 6-82 所示。

图 6-79 创建连接列表

图 6-80 打开新建连接列表

图 6-81 自定义表格列

图 6-82　长度属性

单击"确定"按钮，将"带单位的长度（31003）"属性添加到"长度"列中。添加完成后，测量连接列表每行数据的高度为 8 mm，数据显示高度为 229 mm，行数为 28。在项目设计过程中连接列表的行数一般比较多，为了节省图纸，可以将连接列表信息在一页图纸中显示两列，测量列宽为 193 mm，其中包括两列之间的间隙，如图 6-83 所示。

图 6-83　计算行数和列宽

在页导航器中，打开"连接列表"属性对话框，填写"列数""列宽""行数"和"行高"等数值，如图 6-84 所示。如果"连接列表"为新建列表，则表格属性中没有"列数"和"列宽"属性，可单击 ⊞ 按钮进行添加。

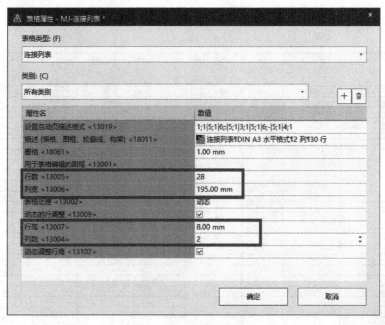

图 6-84　设置表格属性

设置完成后，单击"确定"按钮，关闭页导航器中连接列表文件。在"报表"设置"输出为页"中选择"连接列表"模板为"MJ_连接列表"，如图 6-85 所示。

图 6-85　设置"连接列表"模板

在页导航器中，生成项目连接列表，测试新建的连接列表显示内容是否正确。连接长度在没有完成 3D 布线之前，需要手动添加测试，如图 6-86 所示。

视频 6-6
连接列表

图 6-86　连接列表信息

6.2.5　设备接线图定制

设备接线图也是体现设备之间的"从到"连接关系，不同之处就是设备接线图是以某个设备为主体，显示该设备上的所有连接信息，与"连接列表"具有异曲同工之效。只不过目前国内许多企业觉得接线图的形式看上去能更加直观，而接线表的形式看上去比较烦琐，其实二者显示的连接数据都是一样的，没有任何更改，只是显示的形式不同而已。目前大多企业采用的设备接线图形式如图 6-87 所示。

设备接线图的连接信息主要分为内部和外部。内部和外部的属性含义都一样，只不过是以不同的属性名显示。设备接线图上的各属性名称如图 6-88 所示。

执行"主数据"→"表格"→"新建"命令，在弹出的"创建表格"对话框中，选择"保存类型"为"设备接线图"，定义"文件名"为"MJ_设备接线表"，如图 6-89 所示。

单击"保存"按钮，在弹出的"表格属性"对话框中，设置"表格处理"为"动态"，如图 6-90 所示。

图 6-87 　设备接线图　　　　　　　　　　　　图 6-88 　设备接线图各属性名称

图 6-89 　创建设备接线图

　　单击"确定"按钮,设备接线图文件自动在页导航器中打开。在绘图区中执行"插入"命令,添加"表头""数据范围"及"数据区页脚"属性图形,通过"绘图工具"绘制设备接线图的外部图形。在"数据范围"中只需要绘制上、下各一个连接点宽度的图形即可,因为设置的接线图表格为"动态"表格,所以只需要绘制左右两侧的边框和中间一个回路的连接点的间距宽度即可,如图 6-91 所示。

图 6-90　设置表格属性

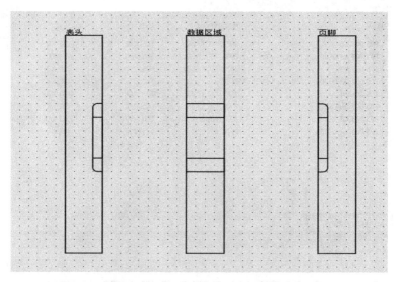

图 6-91　添加动态区域绘制接线图形

执行"插入"→"占位符文本"命令，添加"设备标识符"属性，如图 6-92 所示。

单击"确定"按钮，将"设备标识符"属性放置在表头左上侧。按照此方法将"功能/放置"及"元件图形"等属性名放置在图纸上并设置属性名的"格式"，如图 6-93 所示。

在设置"元件图形"属性格式时，需激活"位置框"功能，设置"位置框"的宽度和高度信息，防止元件图形太大超出接线图符号的边框范围，如图 6-94 所示。

图 6-92 设备标识符属性添加

图 6-93 添加"功能/放置"和"元件图形"属性

在"属性(占位符文本)"对话框中,添加"内部"连接属性,如图6-95所示。

"内部连接点 <20078>/功能的连接点代号<20022>"——(连接点代号);

"内部连接'等级(1-3)'[1]<20017 1>/连接代号<31011>"——(连接线号);

图 6-94 设置"元件图形"的位置框

图 6-95 内部连接属性添加

"内部目标连接'等级(1-3)'[1]<20047 1>/目标连接点的名称(完整)<20048>"——（目标连接点名称）；

"内部目标'等级(1-3)'[1]<20003 1>/放置<19007>"——(目标放置);

"内部连接'等级(1-3)'[1]<20017 1>/连接颜色或连接编号<31004>"——(颜色);

"内部连接'等级(1-3)'[1]<20017 1>/连接:截面积/直径<31002>"——(直径);

"内部电缆'等级(1-3)'[1]<20040 1>/连接图形<13048>"——(延长线)。

将以上"内部"连接点属性设置显示"格式"后，依次添加到"数据范围"的上方图形中，如图6-96所示。

图6-96 内部连接属性放置

"外部"连接属性的添加方式与"内部"添加方式一致，不同之处在于所对应的属性名全部变为"外部"。设置"外部"连接属性的"格式"，将其放置在"数据范围"的下方图形中，如图6-97所示。

添加完成设备接线图的所有属性后，在页导航器中关闭设备接线图文件。在"报表"中设置"设备连接图"表格为"MJ_设备接线图"，如图6-98所示。

在原理图中放置"设备接线图"时，可采用"手动放置"的输出形式，"手动选择"要显示接线图的设备，将其放置在相应图纸上，如图6-99所示。

视频 6-7
设备接线图

图 6-97 设备接线图属性

图 6-98 设置"设备连接图"表格

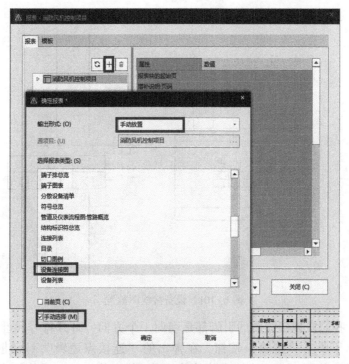

图 6-99　手动放置设备接线图

单击"确定"按钮，在弹出的对话框中将左侧设备列表中要显示的接线图设备，单击 按钮，将其添加到右侧栏中，一次可添加多个设备，如图 6-100 所示。

图 6-100　手动选择设备

单击"确定"按钮，将其放置到原理图中，如图 6-101 所示。

图 6-101 设备接线图放置

放置完成后，我们发现接线图的引脚都是朝向一个方向，打开符号属性，在"符号数据/功能数据"选项卡下单击"逻辑"按钮，在弹出的"连接点逻辑"对话框中修改连接点的"内部/外部"选项，将 1、3、5 连接点修改为"内部"，将 2、4、6 连接点修改为"外部"，如图 6-102 所示。

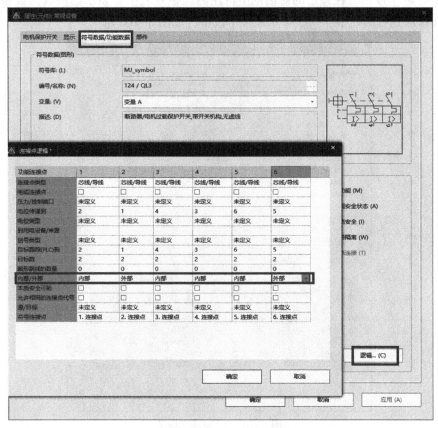

图 6-102 修改连接点内部/外部

修改完成后，单击"确定"按钮，通过执行"工具"→"报表"→"更新"命令，更新设备接线图显示，如图 6-103 所示。

图 6-103 更新后的设备接线图

除过"手动放置"设备接线图外，也可以选择输出形式为"页"，勾选"手动选择"选项，批量生成设备接线图。

6.3 面向材料表设计

面向材料表设计就是通过导入材料表部件的方式，将设备快速添加到设备导航器中，从而完成原理图设计。这种设计模式都是先有项目部件型号后再进行原理图设计。如果"部件库管理器"中有材料表中的部件编号，则软件自动调用部件库中的数据，在部件汇总表中显示该部件的详细信息。如果部件库中无材料表中的部件编号，则物料汇总表中只显示部件编号或其他导入信息，所以在进行面向材料表设计之前，首先要将导入的部件编号完整数据添加到软件部件库中。

在导入设备之前，定义项目结构，在"结构标识符管理器"中定义高层代号如图 6-104 所示。

图 6-104 项目高层代号

定义项目位置代号，如图 6-105 所示。

图 6-105　项目位置代号

结构标识符定义完成后，将材料表中的设备进行功能和位置规划，定义设备完整标识符，填写设备的"功能文本"信息，选择设备的"功能定义"。材料表中的设备必须都为"主功能"设备，因为只有"主功能"设备才能选型，尤其是继电器和接触器等设备，在"功能定义"中要定义"线圈，主回路分断"类型，不能定义"触点"类型，如图 6-106 所示。

设备标识符	部件编号	功能文本	功能定义
=EB1+ET-QF1	ABB.1SAM150000R0002	1#风机断路器	电机保护开关,三极
=EB2+ET-QF2	ABB.1SAM150000R0002	2#风机断路器	电机保护开关,三极
=EB3+ET-QF3	ABB.1SAM150000R0002	3#风机断路器	电机保护开关,三极
=EB4+ET-QF4	ABB.1SAM150000R0002	4#风机断路器	电机保护开关,三极
=EB1+ET-KM1	ABB.GJL1211001R0011	1#风机接触器	线圈,主回路分断
=EB2+ET-KM2	ABB.GJL1211001R0011	2#风机接触器	线圈,主回路分断
=EB3+ET-KM3	ABB.GJL1211001R0011	3#风机接触器	线圈,主回路分断
=EB4+ET-KM4	ABB.GJL1211001R0011	4#风机接触器	线圈,主回路分断
=EB1+ET-RT1	TEL.LRD12C	1#风机热继	三极过热释放(双金属片式继电器)
=EB2+ET-RT2	TEL.LRD12C	2#风机热继	三极过热释放(双金属片式继电器)
=EB3+ET-RT3	TEL.LRD12C	3#风机热继	三极过热释放(双金属片式继电器)
=EB4+ET-RT4	TEL.LRD12C	4#风机热继	三极过热释放(双金属片式继电器)
=EB1+GW-M1	SEW.DV112M4	1#风机	电机,带PE,常规,4个连接点
=EB2+GW-M2	SEW.DV112M4	2#风机	电机,带PE,常规,4个连接点
=EB3+GW-M3	SEW.DV112M4	3#风机	电机,带PE,常规,4个连接点
=EB4+GW-M4	SEW.DV112M4	4#风机	电机,带PE,常规,4个连接点
=EB1+ET-A1	SIE.6ES7131-4BF00-0AA0	1#风机信号输入	PLC盒子
=EB2+ET-A2	SIE.6ES7131-4BF00-0AA0	2#风机信号输入	PLC盒子
=EB3+ET-A3	SIE.6ES7131-4BF00-0AA0	3#风机信号输入	PLC盒子
=EB4+ET-A4	SIE.6ES7131-4BF00-0AA0	4#风机信号输入	PLC盒子
=EB1+ET-A5	SIE.6ES7132-4BF00-0AA0	1#风机信号输出	PLC盒子
=EB2+ET-A6	SIE.6ES7132-4BF00-0AA0	2#风机信号输出	PLC盒子
=EB3+ET-A7	SIE.6ES7132-4BF00-0AA0	3#风机信号输出	PLC盒子
=EB4+ET-A8	SIE.6ES7132-4BF00-0AA0	4#风机信号输出	PLC盒子

图 6-106　设备材料表

将材料表中的设备定义完成后，执行"文件"→"导入"→"设备"命令，如图 6-107 所示。

图 6-107　设备"导入"命令

在弹出的"导入设备数据"对话框中，设置"数据源类型"为"Excel"，单击"数据源"栏后面的 ... 按钮，在弹出的"选择数据源"对话框中选择已定义的材料表文件。在"表格"栏选择 Excel 中的数据页，如图 6-108 所示。

图 6-108　数据源设置

Excel 文件选择完成后，单击"确定"按钮。在"导入设备数据"对话框中单击"字段分配"栏后面的 ... 按钮。在弹出的"字段分配"对话框中，单击 + 按钮，新建配置名称为"MJ_Standard"，如图 6-109 所示。

图 6-109　新建配置

单击"确定"按钮，在新配置下软件自动提取 Excel 中的列号和列名称，如图 6-110 所示。

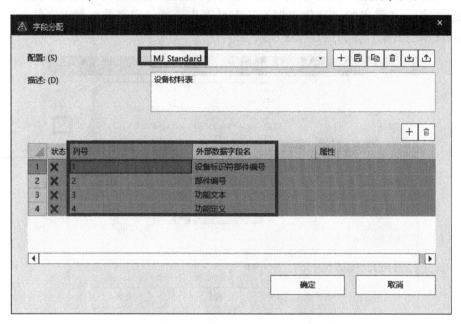

图 6-110　自动提取列号和列名称

框选软件提取的列属性，单击 + 按钮，列状态自动更改为 ✔ 可用状态，如图 6-111 所示。

图 6-111　修改列属性状态

在"属性"列中选择"外部数据字段名"所对应的属性名，如图 6-112 所示。

添加完成后，单击"确定"按钮导入设备。在弹出的"同步设备"对话框中，可以看到 Excel 列表中的数据已添加到软件中，如图 6-113 所示。

图 6-112　属性选择

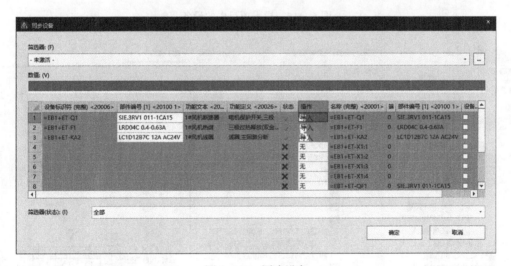

图 6-113　同步设备

　　单击"确定"按钮，软件自动将 Excel 中的数据导入项目中。导入完成后，弹出"导入成功结束"对话框，如图 6-114 所示。

图 6-114　数据导入成功

　　打开"设备导航器"和"材料表导航器"，查看导入的设备及部件编号。在"设备导航器"中软件根据 Excel 中设备的完整标识符，自动进行结构层级显示，并自动提取部件库中已有的部件数据，如图 6-115 所示。

　　在页导航器中新建页，将设备导航器中的设备拖放至原理图中，软件自动显示 Excel 表格中定义的"功能文本"名称及"功能定义"的原理图符号，如图 6-116 所示。

图 6-115　导入项目中的设备

图 6-116　插入符号

　　将"设备导航器"中的其他设备依次拖放至原理图中，完成项目原理设计。采用面向材料表设计时，一般都是将项目中的主要设备通过 Excel 表格的方式批量导入项目中，可节约新建设备和选型的时间，其他辅助设备仍然可以采用面向图形等设计方式完成。

视频 6-8
材料表设计

6.4 翻译模块

EPLAN 软件翻译功能可以帮助工程师快速完成项目语言的显示和切换。当针对不同语言客户时，在项目设计阶段可以采用母语进行设计，在交付项目之前采用翻译功能将项目中的文字信息自动翻译成要显示的语言。

6.4.1 翻译设定

在项目翻译之前，首先对翻译模块进行设置。软件中翻译设置有两个，分别是"项目"翻译和"用户"翻译。首先单击"文件"→"设置"→"项目"→"翻译"→"可译页"选项，在该界面中勾选需要翻译的"页类型"，如图 6-117 所示。

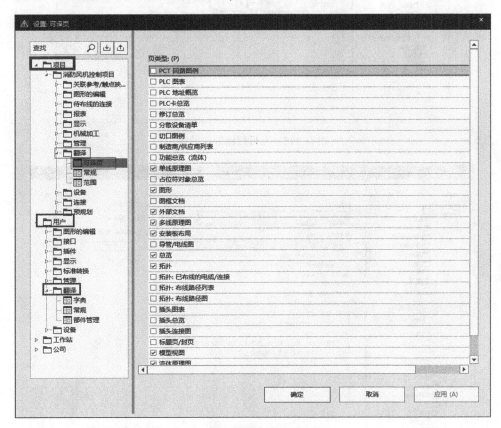

图 6-117 翻译页类型选择

单击"项目"→"翻译"→"常规"选项，在"翻译"栏中单击 ⊞ 按钮，添加需要翻译的语言；在"单位"下拉列表框中选择是按"词""句子"还是"整个词条"翻译；在"显示"栏中添加一个或多个图纸中要显示的翻译语言，通过 ⬆⬇ 按钮调整语言的显示次序，如图 6-118 所示。

单击"项目"→"翻译"→"范围"选项，在"范围"下拉列表框中选择不同的对象，勾选翻译的属性，如图 6-119 所示。

图 6-118　项目翻译常规设置

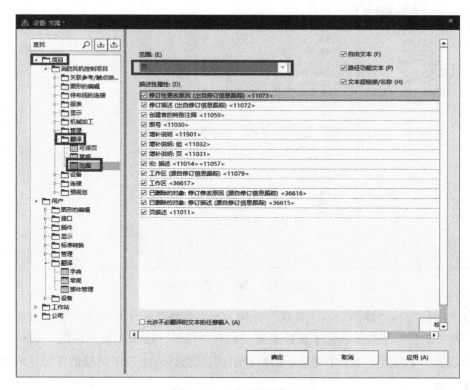

图 6-119　设置翻译范围

　　"项目"翻译设置完成后，单击"用户"→"翻译"→"字典"选项，在右侧对话框中选择数据库类型，单击+按钮新建翻译数据库，如图 6-120 所示。

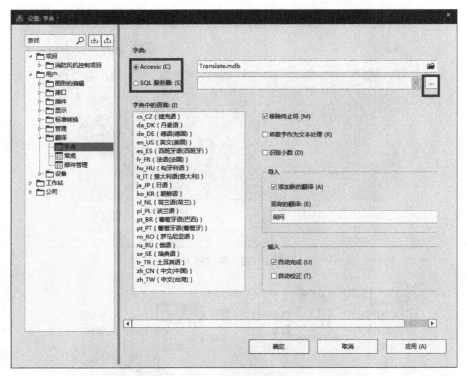

图 6-120　新建翻译数据库

6.4.2　语言字典

设置完成后，单击"确定"按钮。通过执行"工具"→"翻译"→"测试输入"命令，测试翻译库中是否有翻译语言词条，如图 6-121 所示。

图 6-121　"测试输入"命令

在弹出的"测试输入"对话框中，输入要翻译的文本如断路器，软件自动显示数据库中已有翻译文字，如图 6-122 所示。

如果输入的文字在"测试输入"对话框中没有显示，标识翻译库中没有该词条对应的语言文字。执行"工具"→"翻译"→"字典"命令，添加翻译词库，如图 6-123 所示。

在弹出的"字典"对话框下的"编辑字典"选项卡中，单击 ➕ 按钮，在右侧"关键字"列中输入项目文字对应的各种语言词条。例如，简体中文"热继电器"，对应的英文为 Thermal Relay，填写完成后，单击"保存"按钮，如图 6-124 所示。

图 6-122 测试输入

图 6-123 执行"编辑字典"命令

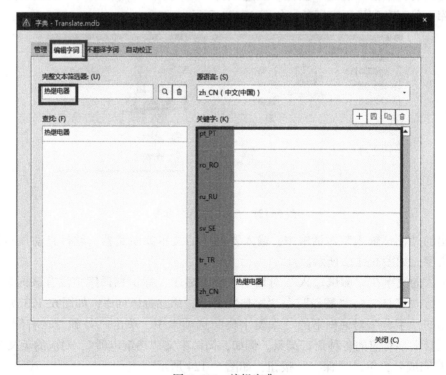

图 6-124 编辑字典

6.4.3　项目翻译

字典编辑后，选中项目中要翻译的对象，可以是单个设备、图纸页或整个项目，执行"工具"→"翻译"→"翻译"命令，软件自动将项目中的文字翻译成设置语言形式，如图 6-125 所示。

视频 6-9
项目翻译

图 6-125　项目翻译

项目翻译完成后，选中项目名称，执行"工具"→"导出缺失词列表"命令，查看项目中未翻译的词条，如图 6-126 所示。

图 6-126　"导出缺失词列表"命令

在弹出"导出缺失词列表"对话框中，设置文件保存路径，定义保存"文件名"为"未翻译词条"，选择"保存类型"为"制表符分隔的万能码文件（*.txt）"，如图 6-127 所示。

图 6-127　设置导出文件

单击"保存"按钮，在弹出的"选择语言"对话框中选择"en_US（英文（美国））"语言，如图 6-128 所示。

单击"确定"按钮，在导出文件路径中打开"未翻译词条"文件。在 TXT 文档中显示项目中没有翻译的词条，如图 6-129 所示。将项目中未翻译的词条，在翻译字典中进行翻译添加，然后对项目再次进行翻译。

图 6-128　选择语言界面　　　　　　　　　　　图 6-129　未翻译词条

如果要移除项目翻译，执行"工具"→"翻译"→"删除翻译"命令，软件自动将翻译词条从项目中删掉，如图 6-130 所示。

图 6-130　移除项目翻译

6.5　项目变更

在项目设计过程中，由于各种原因需要对项目图纸进行变更和修改，而每次的变更信息需要显示在图框标题栏中，示意该张图纸的更改内容。在 EPLAN 软件中，可通过"修订"功能完成项目的变更处理。

6.5.1　修订控制管理

完成项目原理图设计完成后进行修订管理时，执行"文件"→"修订管理"→"修订信息跟踪"→"生成修订"命令，如图 6-131 所示。

在弹出"生成修订"对话框中，填写"修订名"为"修订 1"，填写"注释"为"第一次原理图修订"，"用户"和"日期"都为软件默认设置，不能修改，如图 6-132 所示。

图 6-131　"生成修订"命令

图 6-132　"生成修订"对话框

　　单击"确定"按钮后,软件自动在项目名称前生成类似"图章"标记。打开 1#风机主回路图纸,将技术参数为 4 kW 的风机修改为 5.5 kW,如图 6-133 所示。

　　单击"确定"按钮修改完成后,软件自动用虚线圈框选修改的设备,并在图纸中显示"DRAFT"字样,如图 6-134 所示。

　　修改完 1#风机主回路之后,打开 1#风机的控制回路,在控制回路中添加一个指示灯回路。修改完成之后,图纸中同样也出现"DRAFT"字样,添加的符号和连接点软件自动进行标记,如图 6-135 所示。

图 6-133　变更原理图设计

图 6-134　主回路变更

图 6-135　控制回路变更

原理图修改完成后，选中"1#风机主回路"，执行"文件"→"修订管理"→"修订信息跟踪"→"完成页"命令，完成对该页的变更处理，如图 6-136 所示。

图 6-136　完成页修订命令

在弹出的"页修改说明"对话框中，填写"修订索引"为"01"，在"描述"栏中填写"修改 1#风机参数为 5.5kW"，勾选"关闭时生成页报表"选项，如图 6-137 所示。

图 6-137　页修改说明

单击“确定”按钮，在修改页的图框标题栏中显示“修订索引”和“描述”内容，如图 6-138 所示。

图 6-138　图框标题栏显示变更信息

修订完成 1#风机控制回路的方法与主回路图纸修订完成方法一致，修订完成后可以对 1# 风机控制回路进行再次变更，对 S3 按钮进行选型，如图 6-139 所示。

修改完成后，按照同样的方式再次执行“文件”→“修订管理”→“修订信息跟踪”→“完成页”命令，在“页修改说明”对话框中，填写“修订索引”为“02”，在“描述”栏中填写"S3 按钮设备选型"，勾选"关闭时生成页报表"选项，如图 6-140 所示。

图 6-139　图纸再次变更

图 6-140　二次修订说明

单击"确定"按钮，在该页的图框标题栏中，显示图纸两次修改索引和描述信息，如图6-141所示。

图 6-141　二次修订完成

6.5.2　修订创建和比较

在项目修订过程中，对项目前后修订信息进行比较时，需要生成参考项目。执行"文件"→"修订管理"→"项目的属性比较"→"生成参考项目"命令，如图6-142所示。

图 6-142　"生成参考项目"命令

在弹出的"生成参考项目"对话框中，填写参考项目名称和描述，如图6-143所示。

单击"确定"按钮，完成参考项目的生成。下面对1#风机控制回路进行再次修改，对S2按钮进行选型，完成页的修订，如图6-144所示。

图 6-143　"生成参考项目"对话框

图 6-144　变更原理图

执行"文件"→"修订管理"→"项目的属性比较"→"比较项目"命令，如图 6-145 所示。

在弹出的"比较项目的属性"对话框中，在"比较对象"栏中选择生成的"参考项目"，如图 6-146 所示。

单击"确定"按钮，在弹出的对话框中显示目前项目与参考项目的修订比较，如图 6-147 所示。

图 6-145 "比较项目"命令

图 6-146 选择比较项目

图 6-147 修订比较

项目所有图纸变更之后，执行"文件"→"修订管理"→"完成项目/区域"命令完成项目修订，如图 6-148 所示。

图 6-148　"完成项目/区域"命令

在弹出的"完成项目"对话框中，软件自动显示"修订索引"和"描述"内容，如图 6-149 所示。

图 6-149　"完成项目"对话框

单击"确定"按钮后，项目中变更图纸的框选标记及"DRAFT"字样自动消失，所有的设备进行"写保护"，不能进行编辑，如图 6-150 所示。

如果想继续对项目中的设备进行编辑，可进行"取消写保护"操作。执行"文件"→"修订管理"→"取消写保护"命令，可取消项目的"写保护"，如图 6-151 所示。

项目修订完成后，如果想删除修订必须先完成"取消写保护"操作，然后执行"文件"→"修订管理"→"修订信息跟踪"→"删除修订"命令，即可删除项目修订，如图 6-152 所示。

图 6-150 项目修订完成

图 6-151 取消写保护

图 6-152 删除修订

视频 6-10 修订

6.6　项目模板保存

在 EPLAN 软件中基本项目模板中包含了项目的层级结构、典型电路、图形模板、各种主数据和用户自定义属性等，所以基本项目模板的"页"结构是不能调整的。不管是哪一种模板都可以帮助工程师快速、规范完成一个新项目设计，工程师在新项目设计时不用再对项目字体、报表及主数据内容进行重新设置，每个设计人员采用统一的项目模板设计，以保证图纸设计的一致性及标准化。

在创建基本项目模板时，通常将某个典型项目保存为基本项目模板，一个企业可以针对不同行业和产品保存多个基本项目模板。在创建新项目时，直接选择该项目的基本项目模板，对项目中的部分电路进行修改，便可完成项目设计。

通过执行"文件"→"项目管理"→"附加"→"创建基本项目"命令，创建基本项目模板，如图 6-153 所示。

图 6-153　创建基本项目命令

在弹出的"创建基本项目"对话框中，定义"文件名"为"消防系统模板"，设置"保存类型"为"EPALN 基本项目（*.zw9）"，如图 6-154 所示。

单击"保存"按钮，软件自动在"模板"文件夹中生成消防系统基本项目模板，如图 6-155所示。

无论是基本项目模板，一旦创建完成后就不能编辑修改，只能通过修改后的数据覆盖原来的数据，从而实现模板数据的更新。

图 6-154   基本项目模板命名

图 6-155   基本项目模板创建完成

6.7   本章小结

本章主要讲述了面向材料表的设计方法及项目的翻译和修订功能，重点讲述了主数据中的图框和表格的新建方法。

在新建图框时，有三种设计方法绘制图框，本章讲解的是最为快速和方便的创建方法。图框坐标原点的选定很关键，坐标原点将会影响设备交互参考的显示。图框标题栏中的信息根据需要显示的内容添加"项目属性"和"页属性"。

新建表格时，由于表格属性太多，建议先复制软件自带的表格模板，在其基础上进行个性化修改。修改完成后的表格要进行不断地测试，最终才能在项目中应用。

项目翻译功能主要针对不同项目语言之间的文字翻译，在进行项目翻译之前首先要设置翻译数据库及翻译语言等信息，完善翻译字典中词条，才能保证项目中的所有文字被正确翻译。

修订管理主要针对项目设计完成后修改内容及记录信息，对项目图纸完成页修订后，在图框标题栏中自动显示修订索引和描述内容。图框标题栏的显示内容主要由新建图框时添加的页属性决定。

项目模板为企业的标准化设计提供了条件，使工程师们的设计更快捷、准确。在 EPLAN 软件中包含两种项目模板，两种模板的创建方式和用法都相同，只是两种模板的扩展名不同而已。

第7章 某大型锻压系统设计

某大型锻压系统项目主要由进料装置、左控制器、锻压机组、出料装置及右控制器五大功能设备组成。其中送、出料装置属于锻压系统的接线盒设备。该项目中包括的功能和位置比较复杂，所以前期规划很重要。系统功能流程图如图7-1所示。

图7-1 系统功能图

本章重点讲述项目的前期规划，在开始项目之前如何规划项目和建立项目的设计标准；在部件库管理中，如何自定义数据库名称以及导入导出部件库数据。通过锻压机项目案例介绍在面向图形设计过程中，如何快速插入符号；宏的标准化管理及应用将大幅提高设计效率；项目设计完成后如何将项目导出及导入，最终对项目进行归档处理。

7.1 项目规划

项目从功能上主要分为电源单元、压机单元和控制器单元。从位置上主要分为CN1-CN6接线盒和A1-A4电控柜，另外就是按钮接线盒及CL控制台。该项目中每个功能下都有相应的接线盒和电控柜与之对应，通过流水线方式完成整个系统运行，所以采用"＝功能+位置-页名"的项目结构进行规划。如果项目中只有一个电控柜，而接线盒位置又比较多时，采用"+位置-页名"的结构进行规划，从项目结构上可以很快定位各个位置的图纸。如果项目中有多个功能时，一般采用"＝功能-页名"的结构进行设计，将项目按功能模块进行划分设计。在锻压系统项目中，每个柜子有独立的功能，而这些接线盒及电控柜共同组成新的功能模块，所以采用IEC标准结构"＝功能+位置-页名"的结构进行项目设计，该结构可满足设计规模为几百上千页图纸的项目。

7.1.1　项目组成与分割

锻压系统项目中电源单元高层代号下包含 G0 进线柜和 G1 电源柜 2 个位置代号。

压机单元高层代号下包括 A1 辅助系统起动柜、A2 主泵起动柜、A3 软起动柜、A4 控制器起动柜、PLC400 接线柜、CN1-CN6 接线盒、CT400 控制台及柜外电机等共 13 个位置代号。

控制器单元高层代号下包括 PLC300 电柜、CT300 控制台、CL 左接线盒、CR 右接线盒共 4 个位置代号。

执行"文件"→"新建"命令，填写项目名称，选择项目模板，勾选"设置创建日期"和"设置创建者"选项，设置项目创建日期和创建者，如图 7-2 所示。

单击"确定"按钮，在项目属性中的"结构"选项卡中设置"页"结构为"高层代号和位置代号"，在高层代号和位置代号"页结构"中选择高层代号数值为"标识性"，位置代号数值为"标识性"，其他代号数值为"不可用"，如图 7-3 所示。

图 7-2　创建项目

图 7-3　页结构配置

在"数值"栏的下拉列表框中，每个代号都包含"标识性""描述性"和"不可用"三种选项。"标识性"代表该代号会在页结构中显示。"描述性"代表该代号不会在页结构中显示，但是在完整页名中会有该代号显示，而且该代号会显示在页的标题栏中。"不可用"代表该代号既不会在项目结构层级中显示，也不会在完整页名和标题栏中显示。

项目创建完成后，在"结构标识符管理器"中定义高层代号和位置代号。高层代号包括封面、目录、标准规范、功能总览、电源单元、压机单元、控制器单元及报表，如图 7-4 所示。

项目的位置代号包括 G0 进线柜、G1 电源柜、A1 辅助系统起动柜、A2 主泵起动柜、A3 软起动柜、A4 控制器起动柜、PLC400 电柜、CN1-CN6 接线盒、CT400 控制台、PLC300 电柜、CT300 控制台、CL 左接线盒、CR 右接线盒及 GW 柜外，如图 7-5 所示。

图 7-4 项目高层代号

图 7-5 项目位置代号

7.1.2 项目标准定义

在项目开始设计之前需要定义项目设计规范。首先定义不同电路中的导线颜色和截面积大小，如图 7-6 所示。

主断路器前导线颜色

黑色(覆橙色管)	交流和直流动力电路
浅蓝色(覆橙色管)	中线导线 (N)
红色(覆橙色管)	交流控制电路

主断路器后导线颜色

黑色	交流和直流动力电路
黄绿色	保护导线 (PE)
浅蓝色	中线导线 (N)
红色	交流控制电路
蓝色	直流控制电路
橙色	由外部电源供电的连锁控制电路

导线横截面积、颜色

所有没标记的线:	蓝色AVR 0.5mm² 导线

图 7-6　导线规范

根据不同的执行标准，需要重新定义设备标识符字母，如图 7-7 所示。

设备标识		涵义	设备标识		涵义
A	AA	电源模块	K	KC	接触器线圈
	AB	功率模块			主回路触点
	AF	CNC		KF	常规继电器线圈
	AG	PCU/OP			时间继电器线圈
	AH	MCP			常规触点
	AJ	PLC			延时动作触点
	AK	手持操作单元		KH	电磁阀
B	BF	流量传感器	M		电机(马达)
	BG	接近开关	P	PF	信号灯
		位置开关		PG	电流表
		对刀仪/测头			电压表
		位置编码器/光栅尺			计数器
	BL	液位传感器			温度计
	BP	压力传感器		PH	打印机
	BT	温度传感器		PJ	扬声器
	BS	速度编码器			蜂鸣器
				PK	振动器
E	EA	灯(照明)	Q	QA	塑壳断路器
	EB	加热设备			电机保护器(马达保护开关)
	EC	制冷设备(空调、冷却装置)		QB	隔离开关

图 7-7　设备标识符字母规范

另外，还要进行规范项目字体、默认页图框、栅格大小等设置，在主数据中定义符号的显示属性及大小，定义图框标题栏信息以及定义各类报表数据。

7.1.3　项目标准建立

将导线规范以"标题页/封页（自动式）"图纸形式生成在高层代号 ST03（标准规范）下，如图 7-8 所示。

设置项目设备标识符字母，执行"主数据"→"标识符集"命令，如图 7-9 所示。

图 7-8 导线标准建立

图 7-9 标识字母命令

在弹出的对话框中，鼠标右键选择"新建"选项，新建标识符字母执行标准，如图 7-10 所示。

图 7-10 新建标识符字母标准

在弹出的"新的标识字母集"对话框中定义标识符字母标准名称，如图 7-11 所示。

单击"确定"按钮，在 GB7159 标准列中填入"电气工程"行业各类型的标识字母，如图 7-12 所示。

图 7-11　标识字母集名称

图 7-12　标识符字母集定义

　　定义完成之后，在设备编号（在线）栏加载新的设备标识符字母集。执行"文件"→
"设置"→"项目（名称）"→"设备"→"编号（在线）"命令，在弹出的对话框中设置
"当前标识符字母集"为"GB7159"，如图 7-13 所示。

　　设置完成后，在原理图设计过程中，当插入的各种类型符号时，设备标识符会按新的标识
符字母集显示。

　　执行"文件"→"设置"→"项目（名称）"→"图形的编辑"→"字体"命令，在弹
出的对话框中定义项目字体。软件默认的项目字体"源自公司设置"，该项既可以在"项目"
字体中修改，也可以在"公司"字体中修改，如图 7-14 所示。

　　执行"文件"→"设置"→"项目（名称）"→"管理"→"页"命令，在弹出的对话
框中定义项目页的默认图框及各类图纸的栅格大小，如图 7-15 所示。

图 7-13　设备编号字母集设置

图 7-14　项目字体设置

项目中的主数据内容根据每个公司的规范进行自定义。除以上几种标准外，在项目属性和页属性包含了许多用户自定义数据，当项目设计完成后，可以将该项目保存为模板，在下次新建项目时直接应用已设置的标准即可。

图 7-15　页设置

7.2　面向图形设计

完成项目相应设置后，在项目名称页导航器中新建图纸。首先在项目开始之前，绘制项目单线原理图，在页导航器中鼠标右键单击"新建"，在弹出的"新建页"对话框中定义完整页名，高层代号选择"F01（功能总览）"，位置代号选择"G1（电源柜）"；选择图纸类型为"单线原理图（交互式）"，填写页描述信息，如图 7-16 所示。

图 7-16　单线图新建

7.2.1 符号导航器

打开新建的 G1 电源柜单线图纸，在编辑区的右边插入中心窗口里单击符号，选择要用到的符号库，如图 7-17 所示。

单击选中的符号库，如图 7-18 所示。

图 7-17 符号导航器命令

图 7-18 符号选择导航器界面

在列表里中，如果没有想要的符号库，执行"文件"→"设置"命令，如图 7-19 所示。

在弹出的"设置：符号库"对话框中选择"项目"→"管理"→"符号库"加载想要的符号库名称，如图 7-20 所示。

图 7-19 符号库设置

图 7-20 加载符号库

　　单击"确定"按钮，符号库就会加载到符号库列表中，将符号插入图纸之前，首先应该打开"图形预览"功能。执行"开始"→"图形预览"→"打开"命令，在页导航器的下方显示图形预览界面，如图 7-21 所示。

图 7-21　图形预览界面

　　在符号选择导航器中单击"GB_single_symbol"符号库，选择"安全设备"分类，选择"安全开关，8 连接点"符号，在"图形预览"中可以预览到该功能定义下的符号图形，选择相应的符号，将其拖放至单线图中，如图 7-22 所示。

图 7-22　插入符号

将原理图中其他单线图符号依次拖放至图纸中，如图 7-23 所示。

图 7-23 单线图绘制

7.2.2 黑盒

在单线图中绘制完主要功能原理后，新建多线原理图。首先绘制电源单元图纸，新建电源柜图纸，通过"插入中心"里符号功能选择符号拖放到图纸中，如图 7-24 所示。

图 7-24 多线原理图设计

在多线原理图设计过程中，大功率电机往往需要软起动器进行起动，而软起动器符号在符号库中不存在，需要用黑盒进行代替。在压机单元的辅助系统起动柜中新建软起动主回路图纸，打开辅助系统软起动主回路图纸，单击工具栏中的"黑盒"按钮，绘制黑盒，如图 7-25 所示。

图 7-25　绘制黑盒

在黑盒内部添加设备连接点并修改连接点代号，如图 7-26 所示。

图 7-26　设备连接点

在黑盒内部依次添加其他连接点，黑盒内部插入触点符号时，黑盒连接点必须选择"设备连接点（两侧）"，触点符号表达类型必须修改为"图形"，触点的设备标识符与黑盒设备标识符保持一致，取消勾选"主功能"，如图 7-27 所示。

图 7-27　黑盒内部符号

在触点属性中的"符号数据/功能数据"选项卡下的"逻辑"选项中，修改触点连接类型为"内部"，否则设备连接点（两侧）与触点的连接颜色为红色，如图 7-28 所示。

图 7-28　触点连接点类型修改

将触点连接点类型修改为"内部"后，连接自动变为蓝色，如图 7-29 所示。

图 7-29　黑盒内部符号连接点类型修改

黑盒设备连接点添加完成后，通过"表格"方式编辑黑盒，统一修改设备连接点代号名称。框选中黑盒所有元素，鼠标右键选择"表格式编辑"，如图 7-30 所示。

图 7-30　表格式编辑命令

在弹出的"配置"对话框中修改"连接点代号（全部）"列内容，如图 7-31 所示。

图 7-31　表格式编辑连接点代号

连接点代号修改完成后，在黑盒属性中的"符号数据/功能数据"选项卡下修改黑盒的功能定义，由于软件中没有"软起动器"这种功能定义，所以选择"电气工程的特殊功能"下的"其它设备，带 PE，可变"功能定义，如图 7-32 所示。

图 7-32　黑盒功能定义

　　软起动器功能修改完成后，将起动器内部的所有元素进行"组合"，将起动器变成一个整体设备。框选起动器所有元素，执行"编辑"→"组合"命令，如图 7-33 所示。

图 7-33　起动器组合命令

　　起动器组合完成后，绘制起动器的外围电路图纸，如图 7-34 所示。

图 7-34　软起动器外围电路

7.2.3　结构盒

软起动电路绘制完成后，在电机主回路图纸中绘制小功率电机主回路，如图 7-35 所示。

图 7-35　小功率电机主回路

在小功率电机主回路中，电机都属于柜外设备，通过插入菜单栏中的"结构盒"框选图纸中的电机符号，如图 7-36 所示。

图 7-36　结构盒

在弹出的"属性（元件）：结构盒"对话框中，在"结构标识符"栏下设置高层代号为
"=DYJ"，位置代号为"+GW"，如图 7-37 所示。

图 7-37　位置代号选择

采用结构盒框选完成之后，电机的位置代号由之前的"+A1"变为"+GW"，当删除结构
盒之后，电机的位置代号又会重新恢复到"+A1"位置下，如图 7-38 所示。

图 7-38　结构盒修改设备位置代号

7.2.4 连接颜色修改

原理图绘制完成后，需要对连接颜色进行修改。按照国家标准（GB/T 30085—2013）中的要求，对不同回路中的导线进行颜色修改。规范中规定，交流或直流动力电路电线为黑色；保护导线（PE）为黄绿色；中性线导线（N）为浅蓝色；交流控制电路为红色；直流控制电路为蓝色等。在电源进线柜中修改"电位连接点"的"连接图形"颜色，将 L1、L2、L3 电位连接点的连接图形颜色修改为黑色；将 N 电位连接点的颜色修改为浅蓝色；将 PE 电位连接点的颜色修改为黄绿色，如图 7-39 所示。

图 7-39 电位连接点颜色修改

修改完成后，单击连接菜单栏中的"更新连接" 按钮，图纸中的导线将自动显示修改后的颜色，如图 7-40 所示。

图 7-40 电位连接点修改颜色

在 EPLAN 软件中电位连接点和电位定义点都可以定义电位传递的导线颜色，电位传递的范围比信号和连接传递的范围要广，电位终止于耗电设备（变压器、逆变器），所以采用电位定义点定义的导线颜色一般应用于电源端，在电位定义点修改颜色后的导线仍然可以添加连接定义点进行某段连接的电线颜色修改，如图 7-41 所示。

图 7-41　连接定义点修改导线颜色

7.2.5　批量选型

设计完成原理图之后，需要对元件进行选型。通常在设计过程中，工程师都是先设计原理图后统一选型，在设备导航器中对部件型号相同的部件进行批量选型。首先执行"设备"→"导航器"命令，如图 7-42 所示。

图 7-42　设备导航器命令

在设备导航器中进行设备批量选型之前，可以利用设备导航器下的"筛选器"功能对项目中的设备进行筛选。在 EPLAN 软件中只有对"主功能"设备才可以选型，而一个设备只能有一个主功能。单击"筛选器"后面的▥按钮，在弹出的"筛选器"对话框中添加按"主功能"筛选的配置名称，如图 7-43 所示。

图 7-43 筛选器配置名称

单击"确定"按钮后，在下方规则栏中删除配置自带的规则条件。单击规则栏右上方的 ⊞ 按钮，在"属性"分类中选择"主功能"和"部件编号 [1]"，如图 7-44 所示。

图 7-44 规则属性选择

设置"主功能"运算符为"=",勾选"数值"栏;设置"部件编号［1］"运算符为"=",数值设置为空。勾选两条规则的"激活"选项,如图 7-45 所示。

单击"确定"按钮,在设备导航器中软件自动显示主功能的设备,如图 7-46 所示。

图 7-45　主功能设备筛选条件

图 7-46　主功能选型设备

在筛选出来的设备导航器中,可以将相同部件编号的设备同时选中,鼠标右键单击"属性",在弹出的"属性(元件):常规设备"对话框中单击"部件"选项卡,如图 7-47 所示。

图 7-47　设备批量选型

在"部件"选项卡中，既可以手动选型也可以智能选型，单击"设备选择"按钮进入智能选型界面，软件自动匹配部件库功能模板与符号的功能定义，如图 7-48 所示。

部件编号选择完成后，单击"应用"按钮，软件自动将已选型设备进行过滤隐藏，如图 7-49 所示。按照此操作步骤将设备导航器中需要选型的设备进行逐一选型。

图 7-48　智能选型

图 7-49　过滤已
选型设备

7.3　部件管理

部件管理在项目设计过程中是非常重要的一个环节，尤其是采用"面向对象设计"方式时，首先需要做的就是完善部件库。部件库和主数据都属于项目设计之前的基础数据，只有完善的部件库数据才能给设计带来质的飞跃。

7.3.1　部件管理及设置

在创建部件库之前，首先需要创建自己的数据库名称，以后将新建的数据或导入的数据都放置在自己新建的数据库中，便于后期数据库维护和查找。单击"文件"→"设置"→"用户"→"部件"选项，在右侧栏中选择部件数据库类型。前面 1.5 节中介绍过 EPLAN 和 SQL 数据库的各自优势。单击"配置"栏后面的 + 按钮，可以新建配置名称或者通过配置下拉列表框直接选择已设置好的配置，如图 7-50 所示。

图 7-50 部件库配置选择

选择"默认"配置，单击 EPLAN（A）后面的 + 按钮，在弹出的"生成新建数据库"对话框中填写数据库名称"MJ_Parts001"，如图 7-51 所示。

图 7-51 新建 EPLAN 数据库

　　刚才新建的数据是一个公司数据库的汇总，没有做部件分类，项目中的 PLC、断路器、熔断器、电缆等部件数据全部在一个数据库里面，前面介绍过 EPLAN 数据库一旦超过 100 MB 就会影响选型速度。如果一个公司的数据量不是很大，可以采取刚才介绍的新建一个汇总数据库。如果部件库数量比较大，设备分类也比较多时，可以在"配置"中按不同厂家或设备分类进行新建数据库。

　　单击"配置"后面的 ⊞，新建配置名称为"电缆库"，如图 7-52 所示。

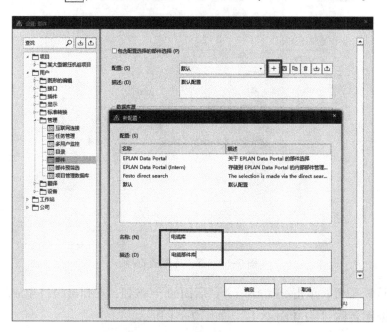

图 7-52　新建电缆库配置

　　单击 EPLAN（A）后面 ⊞ 按钮，新建电缆数据库名称为"Cable. mdb"，如图 7-53 所示。

图 7-53　新建电缆 EPLAN 数据库

另外，也可以以厂商名称定义部件库配置，例如可以定义 ABB 库，在 EPLAN 中新建一个 ABB.mdb 数据库，如图 7-54 所示。

图 7-54　以厂商命名的部件库配置

配置完成后，在创建部件或导入数据时，选择相应的数据库名称。在设备选型时就可以灵活选择"数据源"中的数据库配置，提高设备选型效率，如图 7-55 所示。

图 7-55　数据源选择

7.3.2 部件创建

在创建部件之前，首先打开"部件管理器"。执行"主数据"→"管理"命令，如图 7-56 所示。

图 7-56 部件管理命令

在软件默认的数据库中创建部件，选择零部件分类，鼠标右键选择"新建"，如图 7-57 所示。例如，创建一个 SIEMENS 的电机保护开关 3RV2011-1EA25-0BA0。

图 7-57 新建部件

选择新建的部件，在右侧"常规"选项卡中，选择部件的产品组，填写部件编号、类型编号、名称 1、制造商、供应商、订货编号及描述等信息。"部件编号"由厂商缩写和类型编号组成。"类型编号"为产品的实际型号，如图 7-58 所示。

"常规"选项中的信息属于部件的基础信息，在"安装数据"选项中填写设备的宽、高、深数据及安装面。其中宽、高、深数据是当设备正视于我们时，根据技术手册上的数据进行填

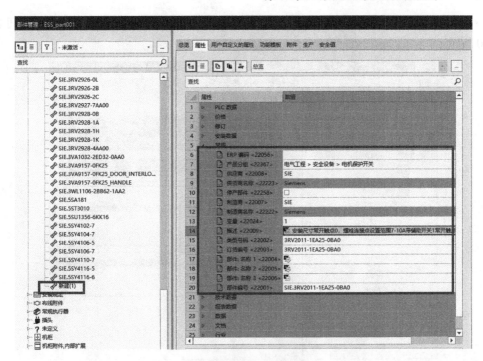

图 7-58　部件常规数据

写。"安装面"根据设备的实际的安装情况选择安装板、门、侧板等位置。

　　在"图形宏"文本框中可选择 3D 模型宏或 2D 布局图符号宏。在项目设计时，如果有 Pro Panel 模块，在"图形宏"处只需要关联 3D 模型宏，因为通过 3D 可直接生成 2D 安装布局图。如果项目设计只有 2D 原理图，那么"图形宏"处需要关联该设备的 2D 安装板布局图符号宏。关联完成后，在项目设计时，在相应图纸类型中可快速插入已关联的宏，如图 7-59 所示。

图 7-59　安装数据 1

　　另外在"图片文件"文本框中关联该设备的图片文件，设置部件的左、右安装间隙，如图 7-60 所示。

图 7-60　安装数据 2

　　设置完部件"安装数据"后，单击"附件"选项卡，如果新建的部件为其他设备的附件，可勾选左上方的"附件"选项；如果该设备有相应的附件，例如安装底座、螺钉等部件，则可以单击右上方的 + 按钮，添加相应的附件编号，如果该设备必须携带附件，则勾选"需要"选项，如图 7-61 所示。这样设备在智能选型时，会自动显示该设备携带的附件编号。

图 7-61　附件

　　单击"技术数据"选项，在技术参数栏中填写设备的电流或电压参数。在"安装数据"选项中，选择该设备的原理图符号宏或 2D 布局图符号宏，如图 7-62 所示。"数据"中的"原理图宏"与"安装数据"中的"图形宏"都可关联 2D 或 3D 宏，两者只是优先级次序不同。一般在"图形宏"中关联 2D 安装板符号宏，将 3D 宏关联到"安装数据"的宏选项中。例如，在基于板卡或通道的 PLC 设计时，通常会在"宏"中关联 PLC 的板卡符号宏，这样在 PLC 设备导航器中拖放 IO 点时，软件会自动选择已关联的板卡符号，使 PLC 设计非常方便。

图 7-62　技术数据

　　在"文档"选项卡中主要关联的是设备的技术手册或其他文档信息，如图 7-63 所示。

　　在"功能模板"选项卡中，单击右上侧的 + 按钮，在弹出的界面中选择部件的功能定义，创建的西门子电机保护开关为 6 个连接点的设备，选择"电机保护开关，三极"，如图 7-64 所示。

　　在新建的功能定义中填写设备的连接点代号信息，连接点代号间的分隔符使用〈Ctrl+Enter〉键；在"技术参数"列中填入与"技术数据"选项中相同的数据；"符号"或"符号宏"列中关联每个回路的原理图符号，在介绍基于地址点的 PLC 设计时，曾经在"符号"列中关联每个 IO 点的分散连接点符号，如图 7-65 所示。

图 7-63　文档/超链接

图 7-64　部件功能定义

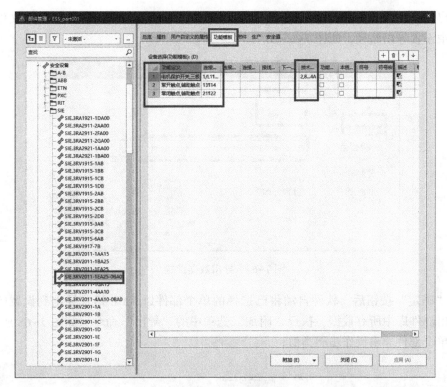

图 7-65　功能模板

在原理图中进行设备选型时，要求符号的功能定义与部件的功能模板相匹配。尤其在智能选型时，软件会自动选择与符号功能定义相匹配的部件编号，而且一旦功能定义相匹配，软件自动将部件库中连接点代号写入符号属性的连接点代号中，以减少手动修改连接点代号的工作量。部件库中常用的主要数据就是以上介绍的几点，其他信息也可以进一步完善。填写完成后，单击"应用"按钮，完成部件的创建。

另外可以将已有部件库数据以单个或多个文件的形式导出，在新建的数据库中进行导入。在部件库中导出单个数据时，鼠标右键选择"导出"命令，如图 7-66 所示。

图 7-66　单个部件导出

在弹出的"导出数据集"对话框中，选择导出的文件类型为 XML，选择"总文件"选项，在文件名中设置导出路径，如图 7-67 所示。

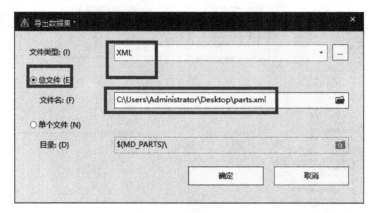

图 7-67 导出数据设置

单击"确定"按钮后，软件自动将已选择的单个部件以 XML 格式导出到设置的路径下。如果要导出部件库中所有数据，执行"附加"选项中的"导出"命令，如图 7-68 所示。后面的操作与单个部件导出操作步骤类似。

图 7-68 所有部件导出

将导出的数据导入新的数据库中，首先单击"附加"选项中的"设置"命令，如图 7-69 所示。

图 7-69　部件库设置

在弹出的"设置：部件（用户）"对话框中，选择或创建配置名称，如图 7-70 所示。

图 7-70　配置选择

选择数据库配置后，单击"确定"按钮，软件自动加载新的数据库，如果数据库中没有数据，执行"附加"选项中的"导入"命令，进行数据导入，如图 7-71 所示。

图 7-71　数据导入命令

　　在弹出的"导入数据集"对话框中，选择导入文件类型为"XML"；选择要导入的文件名路径；字段分配选择"EPLAN 默认设置"；选择"更新已有数据集并添加新建数据集"代表更新数据库中已有的相同部件型号数据并添加部件库中没有的新部件型号数据，如图 7-72所示。

图 7-72　部件库导入设置

设置完成之后，单击"确定"按钮，软件自动将部件库数据导入新的数据库中，如图 7-73 所示。

图 7-73 数据导入

7.3.3 部件结构配置

在"部件管理"界面中，左侧的部件结构可以按照客户需求进行调整。有些客户希望按"制造商"分类查看各个产品组的部件或者在部件结构中加入自己的分类，如图 7-74 所示。

图 7-74 部件结构调整

在"部件管理"对话框中，执行"附加"选项中的"设置"命令，在弹出的"设置：部件（用户）"对话框中，单击"树结构配置"栏后面的 <u>...</u> 按钮，如图 7-75 所示。

图 7-75　树结构配置

在弹出的"树结构配置"对话框中，单击"主节点：（M）"后面的 + 按钮，增加部件主结构，如图 7-76 所示。

图 7-76　增加部件主结构

在弹出的"树结构配置-主节点"对话框中，选择数据集类型为部件，定义新的部件库名称为"沐江电气"。在下方"属性"中单击右侧的 ⊞，增加部件的属性分类，如图 7-77 所示。

图 7-77　部件属性分类

单击"确定"按钮，在"树结构配置"对话框中，通过 ↑ ↓ 将"沐江电气"结构移动到顶端，如图 7-78 所示。

图 7-78　部件结构顺序调整

单击"确定"按钮，完成部件树结构配置。属性分类也就是部件显示的层级关系，通过增加或调整属性位置，在部件中显示不同的层级关系，按照不同的层级关系进行部件分类，便于部件查找。在新建的"沐江电气"中增加了"制造商"分类，在"制造商"下一级中显示产品组分类。与之前"部件"树结构不同的是增加了"制造商"分类，如图 7-79 所示。

图 7-79　新建部件层级关系

7.4　宏和宏的应用

7.4.1　宏的概念

宏即经常反复使用的部分电路或典型电路方案，是模块化设计的基础数据。在项目设计过程中，可以将经常使用的电路保存为宏，在下次使用时直接插入宏文件，提高设计效率。

7.4.2　宏的创建

在 EPLAN 软件中有三种宏类型：窗口宏、符号宏和页宏。窗口宏是最小的标准电路，它可以是一个简单电路或一个单线或多线设备，最大不超过一个页面。窗口宏的扩展名为 *.ema，通常创建宏采用窗口宏。

符号宏与窗口宏类似，只是扩展名不同，符号宏扩展名为 *.ems，符号宏和窗口宏在 EPLAN 软件中为同一个命令，二者被一起使用。符号宏只是为了满足老客户的使用习惯。

页宏包括一页或多页的项目图纸，其扩展名为 *.emp，通常将某页或多页图纸导出时可以使用页宏。

在锻压系统项目中，经常会使用到电机主回路电路，所以可以将电机主回路电路创建为"窗口宏/符号宏"，首先选中要创建的宏电路，鼠标右键选择"创建窗口宏/符号宏"命令，如图 7-80 所示。

图 7-80　创建窗口宏/符号宏

在弹出的"另存为"对话框中，选择宏的保存目录；设置宏名称为"电机主回路"；选择表达类型为"多线"；选择变量为"变量 A"；在"附加"选项中选择"定义基准点"，如图 7-81 所示。

图 7-81　宏设置

执行"定义基准点"命令后，在鼠标上出现一个黑色方框，将其放置到宏的插入点处，如图 7-82 所示。

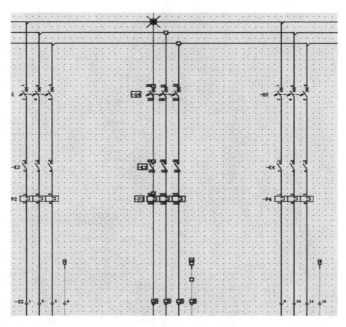

图 7-82　定义基准点

单击"确定"按钮，窗口宏/符号宏创建完成。在原理图设计过程中，有用到电机主回路电路时，执行"插入中心"→"窗口宏/符号宏"命令，如图 7-83 所示。

图 7-83　插入宏

在弹出的"选择宏"对话框中，选择需要插入的宏，双击选中的宏或者按住鼠标左键拖动到原理图中，如图 7-84 所示。

图 7-84 选择宏

　　在原理图纸中插入宏，鼠标附系于宏的基准点处，可连续插入多个宏，如图 7-85 所示。如果不定义基准点，当插入宏时，鼠标与宏电路之间有一定的距离，有时甚至超出图纸区域，不利于宏电路准确地放置在合适的位置上。

图 7-85 插入宏

　　宏的创建不止于多线或单线原理图电路，可以将 CAD 图形块保存为 2D 布局图符号宏。在创建 2D 布局图窗口宏时，在"表达类型"处选择"安装板布局"，同样也要定义基准点，如图 7-86 所示。

图 7-86　2D 安装板布局符号宏

7.4.3　宏变量和宏值集

　　在宏的"另存为"对话框中，有"变量"选项，一个宏名称下可以保存 16 个宏变量。可以将正反转电机主回路或者电机控制回路都保存为宏的其他变量，如图 7-87 所示。

图 7-87　宏变量

图 7-87　宏变量（续）

　　当一个宏名称下有多个变量时，在"选择宏"的预览窗口中可以看到该宏名称下的宏变量，如图 7-88 所示。

图 7-88　宏变量预览

　　当在原理图中插入"电机主回路"窗口宏时，按【Tab】键，可切换放置不同变量的宏电路，如图 7-89 所示。

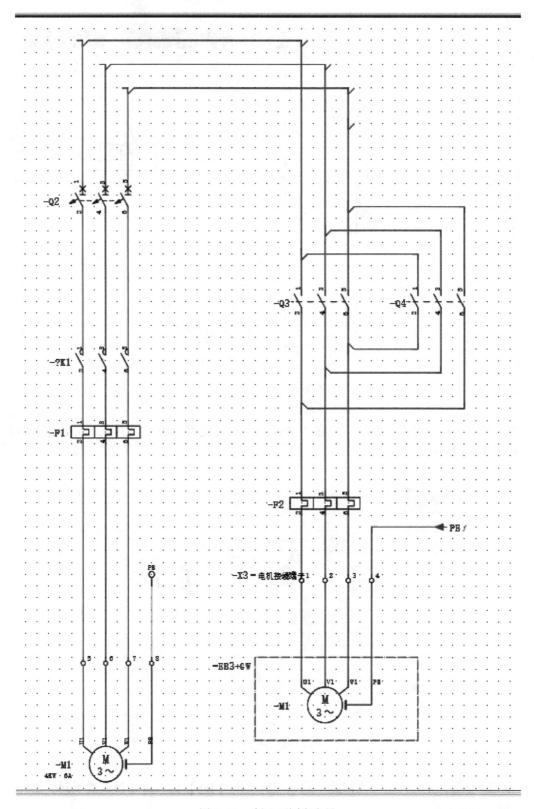

图 7-89　插入不同宏变量

　　宏值集是宏的特殊功能，可以使宏变得更加"智能"。在项目设计过程中经常遇到一个电机主回路中，不同的电机功率要配备不同参数的断路器、接触器、热继电器等设备，所以通过选择不同的"值集"，在同一个宏电路中可以赋予设备不同的电气参数，使设计变得更简单。

　　宏值集需要使用特殊符号来标识，即占位符对象。在 2.9 节中讲述"占位符"内容时已有介绍"占位符对象"的使用。

　　首先在编辑菜单栏中单击 设计模式 按钮，关闭"设计模式"。执行"插入"→"占位符对象"命令，鼠标上附系着类似于"锚"的占位符对象符号，然后框选宏电路，如图 7-90 所示。

图 7-90　插入占位符对象

　　在弹出的对话框的"占位符对象"选项卡中，定义占位符对象名称为"电机主回路"，如图 7-91 所示。

　　在"属性（元件）：占位符对象"对话框中的"数值"栏中，鼠标右键选择"新值集"选项，创建 3 个"新值集"分别为 2.2 kW、7.5 kW、11 kW，如图 7-92 所示。

　　在"新值集"下方，鼠标右键选择"新变量"选项，增加 3 个变量，分别为空开、热继及电机技术参数，如图 7-93 所示。

图 7-91　占位符对象属性

图 7-92　添加"新值集"

图 7-93　添加"新变量"

在不同的值集名称下，填写电机主回路各个设备的技术参数数据，如图 7-94 所示。

图 7-94　变量数值

在"分配"栏中找到空开、热继电器及电机的"技术参数"栏，在"变量"列中鼠标右键单击"选择变量"命令，如图7-95所示。

图 7-95　分配变量

执行"选择变量"命令之后，弹出"选择变量"对话框，先选择空开技术参数，如图7-96所示。最后将热继电器和电机的技术参数逐一进行分配。

图 7-96　选择变量

分配完成之后，单击"确定"按钮，在原理图上显示占位符对象名称，如图 7-97 所示。

图 7-97　占位符对象

框选占位符对象及电机主回路，鼠标右键选择"创建窗口宏/符号宏"，如图 7-98 所示。

图 7-98　创建窗口宏

在弹出的"另存为"对话框中，可以重新命名宏名称或者使用现有的电机主回路宏名称，选择变量 D，定义基准点，如图 7-99 所示。

图 7-99　保存宏

定义基准点后，单击"确定"按钮。执行"插入中心"→"窗口宏/符号宏"命令，插入"电机主回路"窗口宏，按【Tab】键，切换至变量 D，放置在原理图上，在弹出的界面中选择相应的值集，如图 7-100 所示。

图 7-100　宏值集选择

不同值集下电机主回路中空开、热继所对应的技术参数也不同，如图 7-101 所示。

图 7-101　不同值集的参数变化

7.4.4　宏的管理及标准化

在 EPLAN 软件中通过"宏项目"来管理宏，通过宏项目可批量、快速生成宏。首先在项目属性对话框中修改"项目类型"为"宏项目"，如图 7-102 所示。

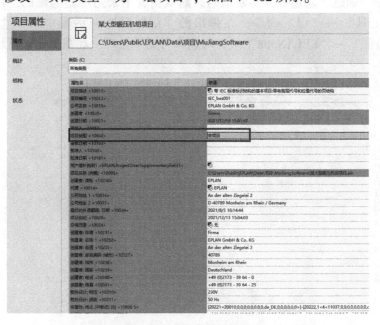

图 7-102　修改项目类型

当将项目类型修改为"宏项目"后，设备的"块属性"以绿色汉字形式显示出来，如图 7-103 所示。

图 7-103 设备块属性

在宏项目中，通过"宏边框"给宏命名。默认情况下宏边框是隐藏的，首先需要显示宏边框，执行"工具"→"层"命令，在弹出的"层管理"对话框中选择"符号图形"→"宏"→"宏边框"→"EPLAN308"层，勾选"可见"选项，如图 7-104 所示。

图 7-104 宏边框显示

在原理图中，单击主数据栏中宏导航器下的插入宏边框　插入宏边框按钮，框选项目中的宏电路，在框选宏电路时要注意宏边框不能嵌套，如图 7-105 所示。

图 7-105　宏边框

双击"宏边框"，在弹出的界面定义宏名称、表达类型、变量、版本及描述等相关信息，如图 7-106 所示。

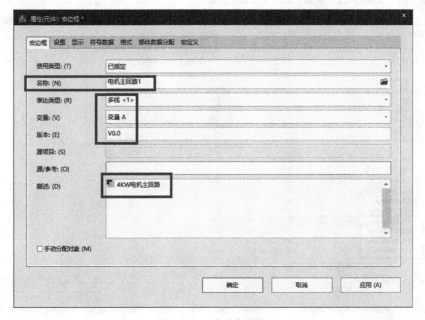

图 7-106　宏边框属性

将其余的"宏边框"按照此方法进行设置，设置完成后，执行"主数据"→"宏"→"自动生成"命令，如图 7-107 所示。

图 7-107　自动生成宏命令

执行"自动生成"命令后，弹出"自动生成宏"对话框，单击"确定"按钮，一键生成宏项目中"宏边框"框选的宏电路，如图 7-108 所示。

图 7-108　自动生成宏界面

在插入窗口宏时，在宏文件夹下可以看到批量生成的窗口宏，如图 7-109 所示。

图 7-109　批量生成宏

在宏项目中通过"宏边框"对项目中的标准电路进行宏的批量创建，在后期管理中可通过查看宏的版本及描述信息，对宏进行标准化管理。另外在宏边框属性中可通过其他选项卡数据对宏进行更细致的定义和管理。

7.5　生成报表

完成项目原理图设计之后，执行"工具"→"报表"→"生成"命令，在"报表"对话框的"模板"选项卡下，新建各类报表，如图 7-110 所示。

图 7-110　新建报表

新建完成后，执行"工具"→"报表"→"生成项目报表"命令，一键生成模板中加载的所有报表，如图 7-111 所示。

图 7-111　一键式生成报表

7.6 项目导入/导出

7.6.1 项目备份/恢复

项目备份是为了工程师在设计阶段相互间沟通方便，将项目以 ＊.zw1 扩展名文件进行另存。执行"文件"→"备份"命令，如图 7-112 所示。

在弹出的"备份项目"对话框中，在"方法"栏选择"另存为"；在备份目录栏选择项目备份的路径，一般可以放置在计算机桌面上；在"选项"栏按照软件默认勾选，如图 7-113 所示。

图 7-112　项目备份命令　　　　　　　　图 7-113　项目备份界面

单击"确定"按钮后，软件按照备份设置信息，自动将备份项目存放在指定路径下。

项目恢复与项目备份属于一对相对功能，执行"文件"→"打开"→"浏览"命令，如图 7-114 所示。

在弹出的"恢复项目"对话框中，选择要恢复的项目名称（＊.zw1），设置目标目录及项目名称，如图 7-115 所示。

图 7-114　项目恢复命令

图 7-115　项目恢复设置

　　单击"确定"按钮后，软件自动将项目恢复到设置目录下，弹出恢复成功界面，并在页导航器中打开恢复的项目，如图 7-116 所示。

图 7-116　项目成功恢复

7.6.2　项目导入/导出

软件将整个项目导入/导出为 XML 格式文件。执行"文件"→"导出"命令，如图 7-117 所示。

在弹出的"项目导出至"对话框中，选择项目导出的路径，可以选择导出至计算机桌面，如图 7-118 所示。

图 7-117　项目导出命令　　　　　　　　图 7-118　项目导出路径设置

　　导出路径设置完成后，单击"确定"按钮，在计算机桌面生成一个"某大型锻压系统项目 .epj"文件，如图 7-119 所示。

　　项目导入与项目导出也属于一对可逆功能，执行"文件"→"导入"命令，如图 7-120 所示。

图 7-119　项目导出文件　　　　　图 7-120　项目导入命令

　　在弹出的"XML 项目"对话框中选择并打开要导入的 *.epj 文件，勾选"同步部件"项目，定义"目标项目"名称，如图 7-121 所示。

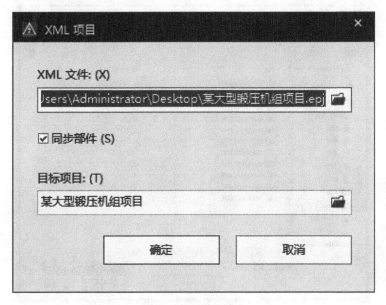

图 7-121　项目导入

单击"确定"按钮，项目被导入软件中，与项目解包类似，导入后的项目并没有在页导航器中显示，需要进行打开操作。

7.6.3　DXF/DWG 文件导入/导出

在项目设计过程中，为了便于项目设计和 CAD 用户沟通，可以将 CAD 格式的文件导入软件中，例如，系统功能总览图或 2D 安装板布局图符号等其他图形元素。

执行"文件"→"导入"→"DXF/DWG"命令，如图 7-122 所示。

图 7-122　DXF/DWG 导入命令

在弹出的"DXF/DWG 文件选择"对话框中，选择要导入的 CAD 文件，勾选"预览"选项，如图 7-123 所示。

图 7-123　DXF/DWG 文件选择

单击"打开"按钮,弹出"DXF/DWG 导入"对话框,在"配置"栏选择默认,如图 7-124 所示。

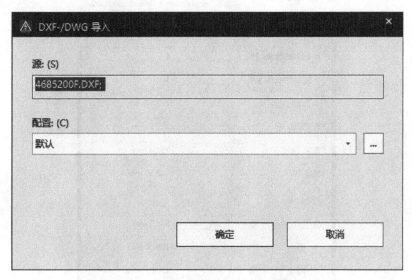

图 7-124 DXF/DWG 导入配置

单击"确定"按钮,弹出"指定页面"对话框,配置导入文件的页结构及页名,如图 7-125 所示。

图 7-125 配置导入文件页结构

配置完成后,单击"确定"按钮,弹出"导入格式化"对话框,设置水平和垂直缩放比例及导入文件的宽度和高度数据,如图 7-126 所示。

将项目中单页或多页图纸导出为 DXF/DWG 文件时,首先选中要导出的页,执行"文件"→ "导出"→"DXF/DWG"命令,如图 7-127 所示。

图 7-126　导入格式设置

图 7-127　DXF/DWG 导出命令

在弹出的"DXF/DWG 导出"对话框中，设置导出路径和文件名。如果勾选"应用到整个项目"则导出这个项目图纸；如果未勾选，则只导出选中的图纸，如图 7-128 所示。

图 7-128　DXF/DWG 导出配置

单击"确定"按钮，软件自动将图纸导出到设置的路径中。

7.6.4　PDF 文件导出

用 EPLAN 软件设计完成项目后，将图纸传给没有安装 EPLAN 软件的人员时，可以将项目图纸导出为 PDF 格式，其他人员在 PDF 文件中可以添加修改注释信息，然后将修改后的 PDF 回传给设计人员。设计人员将添加注释的 PDF 文件导入项目图纸中，可以非常方便地查看到需要修改的内容。

执行"文件"→"导出"→"PDF"命令，如图 7-129 所示。

图 7-129　PDF 导出命令

在弹出的"PDF 导出"对话框中，设置 PDF 输出目录、输出文件颜色，以及设置"使用打印边距"及"应用到整个项目"选项，如图 7-130 所示。

图 7-130　PDF 导出配置

7.6.5　项目打印

项目图纸打印既可以通过导出 PDF 打印，也可以通过 EPLAN 自身的打印功能进行打印。在页导航器中选择要打印的图纸，执行"文件"→"打印"命令，如图 7-131 所示。

在弹出的"打印"对话框中，选择打印机名称，设置"页"及打印数量，如图 7-132 所示。

图 7-131　打印命令　　　　图 7-132　打印设置

在"页"选项卡下，有三个选项分别是当前页、标记、整个项目。

在面向对象设计时，当导航器中的设备时，打印显示的是"当前页"；在页导航器中选择要打印的图纸后，在打印属性中显示"标记"，单击"确定"按钮，在页导航器中再次单击要打印的图纸，即可完成打印。选择"整个项目"选项，将打印整个项目图纸。

"只打印修改过的页"是指最后一次打印操作后修改的图纸，如果"勾选"则只打印修改后图纸，其余图纸不再打印。

7.7　本章小结

本章主要讲述项目设计之初的规划及后期项目的导入/导出处理，重点介绍了部件库管理及宏的创建和管理内容。部件库属于项目设计中非常重要的数据，完善的数据库可以帮助设计人员提高设计效率，减少图纸错误，尤其是面向对象设计时，首先要做的就是建立完善的部件库。宏的应用可以帮助工程师快速完成项目图纸设计，是模块化设计的基础。通过宏项目可批量快速创建项目中的宏，并对项目中的宏进行标准化管理。

第 3 部分　电气设计标准化介绍

第 8 章　电气设计标准化

很多电气工程师对于使用 EPLAN 都觉得非常的困惑，其实大家觉得掌握一个软件并不难，但是实际使用它进行项目设计的时候确实很难，很多哪怕是经过专业培训的工程师想要很好地使用 EPLAN 也是一件非常困难的事情，那么问题到底在哪里呢？

那么先来看看大多数电气工程师在使用 EPLAN 的时候容易犯哪些错误：

1）原有的 CAD 绘图习惯的延续，我们经常将这类使用方式形象地比喻为"马拉汽车"，比如，符号的滥用，找不到的符号大量地使用黑盒进行代替。

2）对于项目结构没有规划，电气工程师们在设计过程中，基本上仅仅对于位置进行一定的规划，而对于高层代号基本上不做规划，这对在 EPLAN 环境下进行设计是一个很大的问题，高层代号的使用是对一个项目进行合理规划的一个必备手段。

3）对各种连接点的定义不了解其中的含义，这样就会让很多人对电位定义、连接点定义等，都没有办法正确地使用。

4）元器件的符号以及和符号相关联的相关设备，也是一个比较大的问题。包括符号的新建也是一个比较令人困扰的问题。

5）个人使用软件很好，到了企业级使用就会发现，各种数据上的混乱，信息孤岛的形成，部件库符号库等不统一，不能实现共享。

因此需要建立一套基于企业的标准化设计平台，在这个平台上，需要建立数据库的标准化、模板的标准化、设计规范等，只有这样才能从根本上解决生产上的一些问题。

8.1　标准化的规划与实施

在一个企业中，项目的规划都是有相关的标准要求的，不过很多设计人员对于这些理解不够，总是觉得只要将项目做出来就行了，具体的规划不重要，这就体现了工程师和企业整体意识的差异化，从企业角度来说，需要更多的资源共享。

那么首先需要理解为什么要标准化，这个问题对于每一个设计人员来说都是至关重要的事情，从个人角度来说，标准化的模板、标准化的数据库将会大幅提高我们的设计效率，减少重复劳动；而对于企业来说，设计效率和准确性是关键，对于企业级的错误大多数是和标准化的建设和管理有很大的关系，数据的一致性以及准确性都是影响企业项目的因素，数据库和备件库以及采购之间的数据差异导致项目被耽误或者造成浪费的事件比比皆是。因此对于企业来说，更为关键的是将这些数据做到"可用、准确、唯一、共享"，这是建立标准化体系的初衷，那么设计人员和标准化实施人员就需要合二为一，大多数企业是没有这样的人才的，因此可以让专业的团队来帮助企业建立这样的标准体系。

作为电气设计人员，如何才能做好整体项目的规划，并且利于各类数据的共享就是一件比较困难的事情，最佳的手段当然是企业用已有的设计平台构建模板来进行，这样对于工程师来说，只需要在相关产品线的模板下进行新建项目就可以了。EPLAN 提供了多种模板的基础，在实际设计中，只需要进行一定的规划和处理。

首先是新建项目，在新建项目中，需要选用不同扩展名的模板，这些内容在前面已经讲解过，这里不再赘述，关键是将已经设计好的项目如何进行模板化处理，当然这里不是简单地将项目保存成相应的模板就可以了。具体如何来做，需要一套非常复杂的工作流程和相关的计划，通常需要 3~6 个月的实施过程，还需要投入最少一个相关部门一个人的人力资源，以及包括未来的维护计划等，这些都需要有专业的团队帮助规划的建立。

8.2　标准化实施计划实例

在一个企业使用专业电气设计软件时，和个人使用软件有着本质的区别，因此通常需要企业在使用 EPLAN 时，要进行标准化设计平台的搭建工作，这个往往是非常专业的工作，在这里编者给出一些初步的建议和实施计划，以供有兴趣的企业进行参考。

首先需要完善的是基础数据库，构建基于企业级的主数据库平台，其中包括符号库、部件库、项目结构、图框、模板、报表等方面的基础主数据的搭建过程，但是由于是多人共同使用数据库，因此，需要建立标准的建库规范，达到数据库无论是多人构建，还是长时间分批次构建都可以做到统一标准。

通常会先制定一个标准化实施计划书，计划的主要内容包括四个阶段，首先是标准制定阶段；第二是基础数据库建设阶段；第三是基于标准的模板定制阶段；经过这三个阶段的实施，基本上就可以开始第四阶段的试运行和修正阶段，经过试运行并且修订后，基本上就可以定版正式上线了。

表 8-1 是编者根据自身经验，制定的一个初级的标准化实施计划书，以供读者参考。

表 8-1　标准化实施计划书

阶　　段	工 作 事 项	实施周期（天）	工 作 内 容	主要参与人
项目启动	项目启动	1	项目启动，需要建立项目组，确定相关负责人，以及在项目中的每一个固定和非固定成员，需要将每个人的职责和任务明确，并且需要在项目启动文件中签字	项目所有人员
规则制定阶段	建立符号库建库标准	1	确定自定义符号库，新建符号的命名规则，以及新建符号的分类原则	电气部门负责人，电气数据库管理员、实施人员
	部件库整理，确定建库标准	1	确定部件所需属性信息，明确必填项，明确与 PLM/PDM 的同步方案，整理建库标准文档	电气部门负责人、电气数据库管理员、实施人员
	熟悉了解相关标准	3	调研企业标准化要求，明确差异，制定预案	电气部门负责人、电气数据库管理员、实施人员
	标准化体系构建，资料提交	10	建立标准化体系，构建基于标准化体系的设计模板，整理记录设计标准的要求	电气部门负责人、电气数据库管理员、实施人员
	标准化文档提交	2	提交第一版设计规范，提交企业标准化部门进行审核	企业标准化部门人员

（续）

阶　段	工 作 事 项	实施周期（天）	工 作 内 容	主要参与人
模板项目数据搭建阶段	基础数据库建库培训	2	对管理员进行培训，主要针对基础数据库的建库与审核	部件库数据维护人员、实施人员
	模板项目的数据搭建	5	选定模板项目，将项目中的基础数据根据标准进行定制，定制过程中验证规范的适用性	部件库数据维护人员、实施人员
	数据审核及验证	1	审核基础数据库数据属性是否规范	部件库数据维护人员、实施人员
	数据库同步接口开发	10	PLM/PDM 数据管理，物料编码生成并且同步到设计软件中	部件库数据维护人员、实施人员
模板项目定制阶段	软件培训	5	基于企业标准化设计平台的软件培训，系统学习软件操作，了解和遵守设计规范，理解设计规范要求	建议所有人参加、参加模板项目人员必须参加，培训讲师
	导航项目图纸转化案例	10	辅导模板项目绘制，修正设计规范	模板项目设计人员、实施人员
试运行	规则调整	1	根据导航项目创建，探讨是否需要调整规则	电气部门负责人、实施人员
	第二轮数据搭建	20	建立除导航项目外其他电子电器类物料数据库，由设计部门的工程师分批构建	电气设计工程师
	第二轮数据审核	1	审核基础数据库数据属性是否规范	企业标准化部门人员
	图纸转化	20	技术部提供需转化图纸清单，图纸转换成 EPLAN 图纸格式	电气部门设计工程师
全面上线	上线使用		完成文件服务器配置和人员权限配置更新，数据库同步更新，全面切换设计软件，并安排专业人员跟踪支持	电气部门所有人员

8.3　基础数据标准的构建

基础数据主要是指在专业电气设计软件中所需要使用的符号库、部件库、图框、线型、各种报表表格模板以及宏，在这些基础数据中，最为重要的是符号库和部件库，下面主要针对这两种基础数据进行一些讲解。

1. 符号库

符号库是专业电气设计软件的核心内容之一，也是标准化的主要内容之一，因此，自定义企业自己的符号库的重要性是不言而喻的。由于 EPLAN 已经在软件中自带了大量的基于不同标准的符号库，因此，企业只需要定制部分符合自己公司要求的符号库即可。

在新建符号之前，需要先打开所需要建的符号所在的符号库，如图 8-1 所示。

图 8-1　打开符号库

选择相应的符号库后，打开它，然后选择取消如图 8-2 和图 8-3 所示。

图 8-2　选择符号库

图 8-3　打开符号库

新建符号如图 8-4 所示。

自定义符号是一件非常重要的事情，也是标准化实施的重要内容，因此，将在 8.4 节中进行详细的说明和讲解。

2. 部件库

定制部件库具有非常重要的意义，很多工程师在设计过程中，不去定制部件库信息，而是插入符号的时候在符号的一些属性里，将部件的相关信息填进去，这样做仅仅是能够应急一

图 8-4　新建符号

时，只能在图纸上有所体现，但是部件 BOM 中是没有相关信息的，而且对于电气设计的整体平台来说是非常不利的。因为毕竟每一次如果都要去填写相关的部件信息，对于工程师来说的工作量也是比较大的，尤其是多人同时使用同一个数据库的时候这一点的弊端就体现得非常明显，并且无法生成 BOM，因此在设定一个电气项目之前，最好要将整个项目中所有的部件在部件库中构建起来。这样在设计过程中，可以通过对符号进行部件选型或者直接插入设备的设计方式来进行。下面简单地介绍如何新建一个部件信息。

　　首先打开部件管理器，选择需要构建的器件类型，如图 8-5 和图 8-6 所示，在右边的相关信息栏中填写部件信息，并且进行相关分类和管理。下面就数据的等级和标准进行一些介绍。

图 8-5　打开部件管理器

图 8-6　新建部件

（1）1 级数据：一般商业数据

在部件管理器的"常规"选项卡中创建 1 级数据时，需要设置为部件设置产品组，并填写如下部件数据：部件编号、名称 1、制造商名称、订货编号（如果有）、描述，如图 8-7 所示。

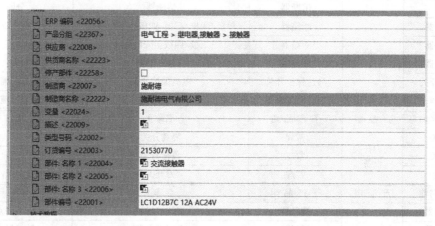

图 8-7　部件信息

1）部件编号：部件的型号前面加上"部件编号前缀"作为部件编号，参考表 8-2 中的"部件编号前缀"列。

2）制造商名称：制造商的名字参考表 8-2 中的"文件夹名"列。

表 8-2　部件数据

公司名称	文件夹名 1	部件编号前缀	公司名称	文件夹名	部件编号前缀
AB	AB	AB.	罗克韦尔	ROCKWELL	ROC.
ABB	ABB	ABB.	施耐德	SCHNEIDER	TEL.
倍福	BECKOFF	BEC.	施克	SICK	SICK
博世	BOSCH	BOS.	西门子	SIEMENS	SIE.
伊顿	EATON	EAT.	SMC	SMC	SMC.
费斯托	FESTO	FST.	图尔克	TURCK	TUR.
富士	FUJI	FUJ.	维肯	VACON	VAC.
哈丁	HARTING	HAR.	万可	WAGO	WAG.
赫斯曼	HIRSCHMANN	HIR.	魏德米勒	WEIDMULLER	WEI.
缆普	LAPP	LAP.	维纳尔	WOHNER	WOH.
梅兰目兰	MERLIN GERIN	MER.	常熟开关	常熟开关	CSH.
三菱	MITSUBISHI	MIT.	德力西	德力西	DLX.
欧姆龙	OMRON	OMR.	良信电器	良信电器	NAD.
松下	PANASONIC	PAN.	人民电器	人民电器	PEO.
菲尼克斯	PHOENIX	PHO.	天逸电器	天逸电器	TYE.
皮尔磁	PILZ	PILZ	天水 213	天水 213	TSH.
威图	RITTAL	RIT.	正泰	正泰	CHI.

3）常用部件的产品组的定义、名称的定义方法、描述的填写方法，在表 8-3 中都给出了示例。如果表中已经列举出来，尽量按照表 8-3 中的内容填写。

表 8-3 常用部件的产品组数据

常见产品名称	产品组	子产品组	名称 1	描 述
熔断器		熔断器	熔断器	分断能力
小型断路器		断路器	单极/两极/三极/四极小型断路器	分断能力；特性曲线
塑壳断路器	安全设备	断路器	三极/四极塑壳断路器	分断能力；特性曲线
框架断路器		断路器	框架断路器	分断能力；特性曲线
电机保护开关		马达保护开关	电机保护开关	分断能力；辅助触点数量
热继电器		热过载继电器	热继电器	分断能力；辅助触点数量

常见产品名称	产品组	子产品组	名称 1	描 述
隔离开关		常规	隔离开关	
负荷开关	动力开关设备	常规	负荷开关	
刀开关		常规	刀开关	

常见产品名称	产品组	子产品组	名称 1	描 述
交流接触器		接触器	交流接触器	辅助触点数量
中间继电器		常规	中间继电器	转换触点数量
小型继电器	继电器、接触器	常规	小型继电器	转换触点数量
固态继电器		常规	固态继电器	输入/输出侧电流、电压
直流线圈接触器		接触器	交流接触器（直流驱动）	辅助触点数量
辅助触点		辅助块	辅助触点/浪涌吸收器	

常见产品名称	产品组	子产品组	名称 1	描 述
交流电动机		常规	交流电动机	额定转速
单相电动机		常规	单相电动机	额定转速
散热风机	电动机	常规	散热风机	额定转速；排风量
伺服电动机		常规	伺服电动机	额定转速
步进电动机		常规	步进电动机	额定转速

常见产品名称	产品组	子产品组	名称 1	描 述
按钮		开关/按钮	平头按钮/蘑菇头按钮/旋钮	触点数量
光电开关		光栅	光电开关	检测距离
接近开关	传感器、开关和按钮	接近开关	接近开关	检测距离
限位开关		限位开关	限位开关	
热电偶		模拟传感器	热电偶	温度范围

常见产品名称	产品组	子产品组	名称 1	描 述
电缆	电缆	常规	动力电缆/控制电缆	
导线	连接	常规	颜色-线径-导线（如 BK4 导线）	
变频器	变频器	常规	变频器	输入电源
变压器	变压器	常规	单相/两相三相变压器；控制变压器	输入电源；变比
开关电源	电压源和发电机	电压源	单相/三相开关电源	输入电源
指示灯	信号装置	信号灯	指示灯	
信号灯塔	信号装置	信号灯	信号灯塔	
照明灯	灯	常规	照明灯	
蜂鸣器	信号装置	信号装置，发声的	蜂鸣器	

（2）2 级数据：基于设备数据

2 级数据包括图片、电子手册、功能定义和技术参数。

1）在部件管理的"安装数据"选项的"图片文件"属性框中，选择部件的图片，如图 8-8 所示。

图 8-8　安装数据

2）在部件管理的"文档"选项下的"外部文档：文件/超链接"列，选择部件的电子手册。在"名称"列为手册指定名称，如"中文手册"，如图 8-9 所示。

图 8-9　文档数据

3）在部件管理的"功能模板"选项卡下，填写"技术参数"属性框，"技术参数"为 24 V，如图 8-10 所示。

4）在"设备选择（功能模板）"中指定部件的功能定义。连接点代号是必须填写的区域，分隔符用〈Ctrl+Enter〉键输入。

	功能定义	连接点…	连接点描述	连接点截面积/直径	接线能…	下一级…	触点…	技术参…	功能安…	本质安…	符号	符号宏	描述
1	线圈,主回路分断	A1¦A2						24V	☐	☐			🔳
2	常开触点,主触点	1¦2							☐	☐			🔳
3	常开触点,主触点	3¦4							☐	☐			🔳
4	常开触点,主触点	5¦6							☐	☐			🔳
5	常开触点,辅助触点	13¦14							☐	☐			🔳
6	常闭触点,辅助触点	21¦22							☐	☐			🔳

图 8-10 功能模板

常用的功能定义见表 8-4。

表 8-4 常用功能定义

组件名称	功能类别	功能组	功能定义
小型断路器	电气：安全设备	断路器	单/两/三极/四极断路器
塑壳断路器	电气：安全设备	断路器	三极/四极断路器
框架断路器	电气：安全设备	断路器	三极/四极断路器
电机保护开关	电气：安全设备	电动机保护开关	
熔断器	电气：安全设备	熔断器	
热继电器	电气：安全设备	热过载继电器	
接触器线圈	电气：线圈，触点和保护电路	线圈	线圈，2个连接点/主回路接触器的线圈
继电器线圈	电气：线圈，触点和保护电路	线圈	线圈，3个连接点/主回路接触器的线圈
接触器主触点	电气：线圈，触点和保护电路	常开触点	常开触点，2个连接点/主回路常开触点
接触器辅助触点	电气：线圈，触点和保护电路	常开触点	常开触点，2个连接点/常开触点，辅助触点
继电器转换触点	电气：线圈，触点和保护电路	转换触点	转换触点，3个连接点/转换触点，辅助触点
常开辅助触点	电气：线圈，触点和保护电路	常开触点	常开触点，2个连接点/常开触点，辅助触点
常闭辅助触点	电气：线圈，触点和保护电路	常闭触点	常闭触点，2个连接点/常闭触点，辅助触点
按钮主触点	电气：传感器，开关和按钮	开关/按钮	
变频器外壳	电气：电气工程的特殊功能	黑盒	
变频器连接点	电气：电气工程的特殊功能	设备连接点	
PLC 外壳	电气：PLC/总线	PLC 盒子	
PLC 连接点	电气：PLC/总线	PLC 连接点	
指示灯	电气：信号设备，可视的/发声的	信号灯	
电缆定义线	电气：电缆	电缆	
电缆芯线	概述：常规特殊功能	连接	导线/芯线

（3）3 级数据：复杂原理数据

3 级数据包括附件、原理图宏。

1）在部件管理的"附件"选项卡中设置附件。如果部件是附件，激活"部件是附件"复选框，如图 8-11 所示。

图 8-11　附件信息

如果部件是主部件，不激活"部件是附件"复选框，在下方添加附件的部件编号，如图 8-12 所示。

图 8-12　附件定义

2）在部件管理的"属性"选项卡中属性"数据"的数值区域选择关联原理图宏。原理图宏的文件名应该与部件编号一致，除了字母和数字外，其他特殊符号应该用下划线"_"替代。原理图宏中所包含的黑盒应该是实线边框，如图 8-13 所示。

图 8-13　属性

（4）4 级数据：二维布局数据

4 级数据包括尺寸（长、宽、高）、2D 图形宏。

1）在部件管理的"安装数据"选项中"尺寸"的数值区域填写宽度、高度、深度，如图 8-14 所示。

图 8-14　安装板信息

2）在部件管理的"安装数据"选项中"图形宏"的数值区域选择关联 2D 图形宏。如果已经在创建三级数据时在此处关联了原理图宏，则不需再次设置。那么在创建宏时，应该将原理图宏和 2D 图形宏创建到同一个文件中，如图 8-15 所示。

图 8-15　宏信息

3）2D 图形宏可以在 EPLAN 中直接绘制；也可以从 DWG/DXF 导入。如果是从 DWG/DXF 导入，导入前应执行 PURGE 命令清除所有不必要的信息，并尽可能合并到同一图层中。

4）图形宏的长度、宽度和高度应该与手册中提供的尺寸一致。

5）图形宏中的文本，应该添加标识符避免被翻译。如原文为"SIEMENS"，可改为"{{SIEMENS }}"。

（5）5 级数据：自动布线数据

5 级数据主要指连接点排列样式。

1）在部件管理的"连接点排列样式"上单击右键，选择"新建"，创建新的"连接点排列样式"，名称应与部件编号一致（CONNECTION POINT PATTERN 在 P8 2.1 中翻译为"接线图"，2.2 版本改为"连接点排列样式"），如图 8-16 所示。

图 8-16　连接点排列样式

2）在"连接点"选项卡中填写连接点代号、坐标 X/Y/Z 位置，设置连接点方向和连接方式，如图 8-17 所示。

	连接点代号	插头代号	端子层	内部/外部索引	X 位置	Y 位置	Z 位置	布线方向	X...	Y...	Z...	线...	连接方式	接
1	1		0	未定义	7.00 mm	10.00 mm	20.68 mm	向上	0	1	0	0...	单个螺钉夹紧连接	
2	2		0	未定义	7.00 mm	10.00 mm	20.68 mm	向上	0	1	0	0...	单个螺钉夹紧连接	
3	3		0	未定义	7.00 mm	10.00 mm	20.68 mm	向上	0	1	0	0...	单个螺钉夹紧连接	
4	4		0	未定义	7.00 mm	10.00 mm	20.68 mm	向上	0	1	0	0...	单个螺钉夹紧连接	
5	5		0	未定义	7.00 mm	10.00 mm	20.68 mm	向上	0	1	0	0...	单个螺钉夹紧连接	
6	6		0	未定义	7.00 mm	10.00 mm	20.68 mm	向上	0	1	0	0...	单个螺钉夹紧连接	
7	7		0	未定义	7.00 mm	10.00 mm	20.68 mm	向上	0	1	0	0...	单个螺钉夹紧连接	
8	8		0	未定义	7.00 mm	10.00 mm	20.68 mm	向上	0	1	0	0...	单个螺钉夹紧连接	
9	9		0	未定义	7.00 mm	10.00 mm	20.68 mm	向上	0	1	0	0...	单个螺钉夹紧连接	
10	10		0	未定义	7.00 mm	10.00 mm	20.68 mm	向上	0	1	0	0...	单个螺钉夹紧连接	

图 8-17　连接点方向及连接方式

3）在部件的"属性"选项卡中，为属性"特性"选择匹配的"连接点排列样式"，如图 8-18 所示。

图 8-18　连接点排列样式关联

（6）6 级数据：数控加工数据

6 级数据主要指钻孔排列样式。

1）在部件管理器的"钻孔图"上单击右键，选择"新建"，创建新的"钻孔排列样式"，其名称应与部件编号一致（DRILLING PATTERN 在 P8 2.1 中翻译为"钻孔图"，2.2 版本开始改为"钻孔排列样式"），如图 8-19 所示。

图 8-19　加工数据

2）在"切口"选项卡中，设定钻孔类型、X/Y 位置、第一维尺寸、重复间距、终端距离、每 n 个洞钻孔，如图 8-20 所示。

图 8-20　钻孔位置

3）在部件管理器的"生产"选项卡中，为部件选定"钻孔图"，如图 8-21 所示。

图 8-21　选择钻孔图

（7）7 级数据：三维布局数据

7 级数据主要指 3D 图形宏，如图 8-22 所示。

1）3D 图形宏应该是从宏项目中创建和生成的。

2）3D 图形宏的尺寸必须与手册一致，文件名是在原理图宏的文件名后加"_3D"。

3）3D 图形宏必须定义放置区域，而且是正确的投影角度。如果该部件需要安装附件，必须为其定义安装表面和安装点。

4）设备安装时如果以默认基准点无法对齐时，必须手动定义基准点。

图 8-22　3D 宏关联

部件完全创建完毕后，其数据模型如图 8-23 所示。

3. 数据的传送

如果要传输所有的部件，那么使用压缩软件，将整个 E:\EPLAN 文件夹打包，然后传送。如果要传输部分的部件，那么选中这些部件、相关的连接点排列样式和钻孔排列样式，使用右键菜单中的"导出"，导出格式选择 XML。要将 XML，对应的电子手册、图片、宏（保持文件夹）一并传送，如图 8-24 所示。

图 8-23　数据关联　　　　　　　图 8-24　数据导出

4. 图框

在基础数据中，还有很多数据是需要首先定制下来的，比如图框，一个企业对于图框的要求基本上都是个性化的，这就要求我们需要将软件自带的图框进行一些修改，以适用于本企业项目中，在构建图框的过程中，通常需要根据企业的生产需要和企业已有的标准，定制适合于企业的图框，电气图纸中，图框的种类通常有以下几种：封面图框、目录页图框、原理图图框、报表图框、接线图图框、端子图图框、布局图图框、总览图框等，哪怕是最小的项目，也基本上要包含三种图框，即封面图框、原理图图框、报表图框。

图框的定制过程有很多种方式，比较常用的是从原有的格式中进行转换和导入，然后再根据需要进行编辑，添加相关变量最终形成 EPLAN 所应用的图框，在前面的章节中已经有所介绍，这里不再赘述，只是在图框的规划中，需要体现企业的标准和对应的参数，也需要给未来和管理系统对接留下可以利用的空间。

8.4 标准化体系建立

1. 项目的规划

在 8.1 节里面主要是讲项目的规划。项目的规划主要包含高层代号的规划以及位置的规划，如图 8-25 所示是高层代号的规划。

图 8-25 高层代号管理界面

高层代号的管理主要用于从功能角度来进行整体项目的分割，对于这一点大多数的电气工程师是不太容易理解的，其实可以用一个比较简单的方式来理解。可以把高层代号理解为这个项目在进行调试或者整修维护阶段，工程师需要知道某一个设备所关联的所有的相关器件，那么，这些相关器件所组成的图纸集，可以给它一个高层代号用来管理这个图纸集。通常在规划中也可以把一些图纸的分类作为一个功能规划起来，比如，目录、图纸规范、不同类型的图纸、相关的报表等，都可以作为高层代号的一个内容。这里以一个例子来了解不同项目下高层代号的规划方式。

在项目中，首先可以看到项目设计人员将项目分成文档类、图纸类、报表类这三个主要的高层代号，如图 8-26 所示，在文档类里主要放置的是目录，这里面的目录是按照高层代号以及位置代号的结构来把这个图纸目录进行分类的，这样的好处是读图的人员在读取图纸的时候，可以清晰地明确整个项目的结构。在这个文档类中还可以放置项目的设计规范及标准，包

图 8-26　高层代号结构

括图例、公司内部对于项目的具体要求，以及图纸内部对于器件的编号规则、电线的编号规则等，甚至还可以包括客户对于本项目的一些特殊的技术文档或者要求。在第二类图纸类型中还可以将项目中的所有的各种功能进行区分，这样可以形成更加完善的图纸结构。第二类图纸的具体分类是要根据项目的具体要求来设计的，原则是根据功能的分类进行的。第三类图纸主要是本项目中所需要的各种报表，比如，BOM 表、部件列表、设备列表、端子连接表、电线电缆连接表，具体的报表类型是根据企业的具体要求来进行设置的，EPLAN 提供了几十种报表的模板，当然也可以根据自己的具体要求进行定制。

位置代号主要是指位置结构的分类，如图 8-27 所示，这个比较容易理解，也是国内的大多数电气工程师常用的方法，主要是根据设备或者项目的物理结构进行区分的。常用的分

图 8-27　位置代号管理

类主要有几个方面：一是柜内，包括不同的控制柜，二是柜外，另外还有一些特殊的需要安装的位置，不同的柜体和柜体内外都可以进行位置区分。如图 8-28 所示为位置代号的区分例子。

图 8-28 位置代号管理界面

位置代号比较容易理解，也是很常用的一种方法，因此这里不做过多介绍。通过高层代号和位置代号将一个项目搭建成一个树形结构，如图 8-29 所示。

在这个树形结构下，将图纸按照相关的分类进行管理，在绘制图纸过程中也可以根据高层代号的区分，将项目分配给不同的工程师来进行协同设计，这样更有利于大型项目的设计。当然，如果 EPLAN 需要协同设计，则需要协同设计模块。

这些内容都是因人而异、因项目而异的，因此需要电气工程师理解这个结构的具体意义，才能够根据具体的项目要求设计出合理的项目结构。

2. 项目分割原则

在上一小节里，已经提到过关于项目分割的一些方法和手段，这一小节里进行一些相对详细的介绍，并以一款软件自带的 DEMO 项目来进行说明，可以在软件默认的项目目录下找到这个项目，这个项目的名称就叫"ESS_Sample_Project"。

首先可以看到在 ADB1 这个高层代号的下一个文档是"结构标识符总览"，如图 8-30 所示。

图 8-29 项目结构

结构标识符总览			F24_002
完整的名称	标签	结构描述	
=GAA	高层代号	400 V 电源	
=GAB1	高层代号	24 V 设备电源	
=GAB2	高层代号	24 V PLC 信号电源	
=GQA	高层代号	压缩空气气源	
=EA	高层代号	照明系统	
=F	高层代号	急停控制系统	
=SC1	高层代号	冷却	
=K1	高层代号	PLC 控制系统	
=K2	高层代号	阀门控制系统	
=S1	高层代号	搬运机器操作	
=S2	高层代号	操作台机器操作	
=GL1	高层代号	给料工件:运动	
=MM1	高层代号	给料工件:定位	
=GL2	高层代号	加工工件:运动	
=MM2	高层代号	加工工件:定位	
=MM3	高层代号	加工工件:定位	
=TM1	高层代号	加工工件:膨刷	
=TM2	高层代号	加工工件:膨刷	
=GL3	高层代号	设备工件:运动	
=NK1	高层代号	涂漆工件	
=NK1.NV1	高层代号	双加工底色红色	
=NK1.NV2	高层代号	混合涂漆色红色	
=NK1.NV3	高层代号	进给计量液体	
=NK1.NV4	高层代号	进给添加剂	
+A1	位置代号	框架 1	
+A2	位置代号	框架 2	
+A3	位置代号	空调	
+A4	位置代号	框架 3	

图 8-30 结构总览

从该项目的高层代号可以看出来,它将项目分为文档、作业线一、作业线二、报表等多个高层代号,项目中把它叫作工厂代号;从这里能够看得出来,高层代号的分割是根据逻辑的管理思路来进行的,那么可以延伸一下,将这些设计上的内容根据功能的区分而进行分割,如果不太好理解的话,有一个小技巧,高层代号默认的前缀是 F,实际上是英文 FUNCTION(功能)的首字母,从这里能够看得出来高层代号的主要作用还是对项目的功能进行区分。它的主要作用有以下几个方面:

1)设计人员进行调试设备的时候,可以根据逻辑上的功能来分析设备在调试过程中出现的一些问题,并且可以根据在同一功能下的所有设备的检索来找到问题器件。

2)功能的区分还有一个非常重要的作用,主要是针对维护人员,它的作用和方法与设备调试时是一样的,也是为了方便维护人员对于设备问题的检索。

3)功能有一个最大的作用,是对于电气设计的模块化,在图纸设计阶段需要对于同等功能下的电气原理,进行模块化管理,有了这样的管理,更大的作用实际上是为了项目的重复利用。也就是说,可以将不同项目下的各种功能进行分门别类的管理。

4)在 EPLAN 中,可以将同种功能下的不同图纸组合成页宏来进行管理,这样在今后的设计过程中可以通过调用宏的方式高效地快速设计,一个宏能够实现一个功能,那么一个宏就相当于一个小的模块,用这样的方式来进行模块化设计是一种不错的方法。

当然,如果想使用这些方法的话首先要进行标准化规范,也就是经常所说的电气设计标准化,对于电气设计标准化,将在下一小节中进行介绍。

而对于位置区分,是根据项目的具体内容,在位置代号中,还增加了一些文档管理,但是主要的还是将项目分为控制系统、总线系统、机械结构、端子文档、插头文档、电缆文档、连接文档、部件和设备列表、PLC 文档；从这里能够看得出来，主要的分割方式是根据项目的相关物理位置为基础的，包括图纸文档的物理位置。

位置的管理主要的作用是从物理结构上分割设备或项目，在图纸中层面上的位置包含文档、控制文件、原理图、布局图、端子图以及各种各样的报表。同时也可以根据实际的设备物理位置来进行项目的管理，而这样可以从另一个层面上来进行模块化的设计，而这个模块主要是指，在物理结构上可以分块处理的设备的电气控制系统，比如某一个电器控制柜，更为明显的应用是一个流水线上的不同的工作空间。大多数的机械设备都是在企业里面进行分块制造，然后再运输到现场进行安装，这样物理结构的位置分割就显得尤为重要，因此大多数企业在电气项目上会要求进行物理的位置分割，这也是电气工程师最常用的一个结构。

从以上可以看出，高层代号和位置代号其实是从不同的角度对项目进行模块化整合的最佳手段，如果能够很好地掌握这种方法，将会对总体的项目设计以及电气设计平台的搭建和数据的共享提供非常大的帮助。

3. 电气项目的标准化建立

电气设计标准化内容很多，本来是需要用一整节来进行讲解的，它属于设计方法的延伸的应用，或者说是电气设计方法的基础，很多电气设计软件里面的高层功能或者高效的功能都是和电气设备标准化密不可分的，比如 EPLAN 里面的宏的应用、图纸的复制、主数据的共享、项目的重复利用等，这些都是建立在标准化的基础之上的，下面简单讲述一下关于电气设计标准化的一些基本知识，这里只是初步的进行一些讲解，具体实施还需要针对不同的企业针对性地进行标准化的规划与设计。

（1）基础数据标准化

基础数据构建主要是针对主数据中的符号库和部件库，这些是 EPLAN 最基础的数据信息，在 EPLAN 中，符号库和部件库都自带了一些数据，但是对于大多数企业来说，都是不够的，需要进行自定义构建一些数据，下面就针对这两类数据库的构建进行一些讲解。

（2）符号库的建立

在实际设计过程中，有很多的符号是需要自己定制的，大多数工程师的习惯是使用黑盒，这个习惯是非常不好的，其实针对专业电气设计软件，黑盒主要是用来替代临时性的、一次性的、不确定的一些器件而并非是符号库里没有的符号。在电气设计中实际上需要做大量的电气符号，那么做这些符号的时候有一些原则，在 E 盘里面，首先最好是要将需要做的符号找到它的分类，在分类中找到一个相对类似的符号，然后将这个符号进行复制并重新命名，再打开这个符号进行相关的改变，这里面需要注意的是，如果连接点的数量发生了变化，那么就需要将符号属性中的"功能定义"设置为"可变"，如图 8-31~图 8-34 所示。

图 8-31 打开符号

图 8-32　打开符号属性

图 8-33　设置功能定义

图 8-34　将属性进行改变

　　那么应该如何确定相关的属性呢，如果用户所做的符号很难在符号库中找到对应的类型和属性怎么办呢？这就涉及一个标准化的概念问题，很多人觉得在 EPLAN 中，这样就可以根据自己的需求新建符号了，在构建符号的时候还有一个比较重要的概念就是符号的变量，在 EP-LAN 中，定义有 8 个变量，分别是 0°、90°、180°和 270°以及其镜像方向的符号，这个是便于在符号使用过程中在不同的方向和图纸上放置符号，在符号定义过程中，通常的习惯是先定义 A 变量，然后再根据 A 变量进行更改，如图 8-35 所示。

图 8-35　新建变量

　　通常的规则是建立 B 变量时，根据 A 变量来进行调整，如图 8-36 所示，在 A 变量基础上旋转 90°，也可以根据实际的图纸上需求勾选下面的"旋转连接点代号"和"旋转已放置属性"，只有在做 E 变量时，才会选择"绕 Y 轴镜像图形"，如图 8-37 所示。

　　只有这样，才可以完整地构建一个符号，以便于后期使用，虽然做符号比较烦琐，但这毕竟是"一劳永逸"的事情，因此对一个企业来说构建标准化的符号库是非常有必要的，但是很多基层的工程师对于符号的构造以及相关标准的要求还不是很了解，难免会出现制作的符号有这样或者那样的错误，因此通常会安排专人定制符号库。

图 8-36　符号变量生成

图 8-37　E 变量选项

（3）部件库的建库规范

1）EPLAN 部件的分级。EPLAN 采用统一的部件数据分级制度，总计分为 7 个等级，具体信息见表 8-5。

表 8-5 数据分级制度

分 级	图标标记	名 称	主 要 用 途	包含数据信息
1 级	〇	一般商业数据	用于创建采购清单	部件编号、名称、描述、制造商、订货号
2 级	〗	基于设备数据	用于基于对象设计	功能定义、技术参数、电子手册、图片
3 级	〗〗	复杂原理数据	用于快速原理设计	原理图宏、附件与附件列表
4 级	▮	二维布局数据	用于二维布局设计	长度、宽度、高度、2D 图形宏
5 级	▮▮	自动布线数据	用于三维自动布线	连接点排列样式
6 级	▮▮▮	数控加工数据	用于三维钻孔设计	钻孔排列样式
7 级	▣	三维布局数据	用于三维精美布局	3D 图形宏

2）EPLAN 部件相关数据。EPLAN 部件存放于部件库中，但相关联的文档需要单独存储，它们是电子手册、图片、宏等。

4. 数据存放文件夹

1）在创建部件库之前，先在磁盘如 E 盘中创建存放路径：E：\EPLAN。在 EPLAN 文件夹下创建四个子文件夹，名称为部件、宏、图片、文档。如图 8-38 所示。

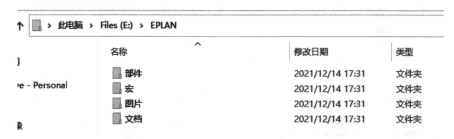

↑	📁 > 此电脑 > Files (E:) > EPLAN		
	名称 ^	修改日期	类型
]	📁 部件	2021/12/14 17:31	文件夹
re - Personal	📁 宏	2021/12/14 17:31	文件夹
	📁 图片	2021/12/14 17:31	文件夹
良	📁 文档	2021/12/14 17:31	文件夹

图 8-38 存放路径

2）新建部件库时，应将部件库存放于"E：\EPLAN\部件"文件夹中。部件库文件命名规则为"EPLAN_PARTS_2012XXXX. MDB"，其中 XXXX 代表月份和日期，如 0201 代表 2 月 1 日。

3）列举要创建部件的制造商名称，根据名称在宏、图片、文档文件夹中分别创建子文件夹，使用制造商名作为子文件夹名称，如图 8-39 所示。

4）如果是国内公司，使用中文简称作为文件夹名；其他公司使用英文名称作为文件夹名，英文大写。表 8-6 是一些常见公司的名称示例。

图 8-39　文件夹命名

表 8-6　常见公司名称示例

公 司 名 称	文 件 夹 名	公 司 名 称	文 件 夹 名	公 司 名 称	文 件 夹 名
AB	AB	欧姆龙	OMRON	万可	WAGO
ABB	ABB	松下	PANASONIC	魏德米勒	WEIDMULLER
倍福	BECKOFF	菲尼克斯	PHOENIX	维纳尔	WOHNER
博世	BOSCH	皮尔磁	PILZ	常熟开关	常熟开关
伊顿	EATON	威图	RITTAL	德力西	德力西
费斯托	FESTO	罗克韦尔	ROCKWELL	良信电器	良信电器
富士	FUJI	施耐德	SCHNEIDER	人民电器	人民电器
哈丁	HARTING	施克	SICK	天逸电器	天逸电器
赫斯曼	HIRSCHMANN	西门子	SIEMENS	天水 213	天水 213
缆普	LAPP	SMC	SMC	正泰	正泰
梅兰目兰	MERLIN GERIN	图尔克	TURCK		
三菱	MITSUBISHI	维肯	VACON		

5. 电子手册的规范

1）电子手册的格式为 PDF，存放于"文档"文件夹下，对应制造商名的子文件夹中，如图 8-40 所示。

2）电子手册的文档获取自制造商的官方网站，文档的语言应该为简体中文。

3）电子手册的文件名尽可能与部件编号一致。如果是一个产品系列使用同一个电子手册，则使用产品系列的共同名称作为手册名。例如，施耐德公司的 C65 系列小型断路器具有相同的电子手册，则电子手册的文件名应该设置为"C65_小型断路器手册.PDF"。

4）电子手册的文件体积尽可能小于 2 MB，便于数据的网络传输。

名称	修改日期	类型	大小
ABB继电器.pdf	2022/1/7 15:01	WPS PDF 文档	168 KB
Pilz继电器.pdf	2022/1/7 15:01	WPS PDF 文档	368 KB
SIME继电器.pdf	2022/1/7 15:02	WPS PDF 文档	4,474 KB

图 8-40　电子手册

6. 图片的规范

1）图片的格式为 JPG 或 PNG，存放于"图片"文件夹下，制造商名的子文件夹中，如图 8-41 所示。

图 8-41　图片存放

2）图片获取自制造商的官方网站或官方的手册。

3）部件图片的文件名应与部件编号一致，除了字母和数字，部件编号中的特殊字符在文件名中以下划线"_"替代。例如，部件编号为"C65N-C20/3P"的小型断路器，其图片的文件名应为 C65N_C20_3P. png。

4）图片的尺寸应不小于 128×128 像素；不大于 768×768 像素。

7. 宏的规范

1）宏的格式为 EMA（窗口宏）或 EMS（符号宏），存放于"宏"文件夹下，制造商名的子文件夹中，如图 8-42 所示。

2）原理图宏和 2D 图形存储于同一个宏文件中；3D 宏存储为另一个文件名，在原理图宏文件名后加"_3D"。例如部件编号为"C65N-C20/3P"的小型断路器，其 2D 图形宏的文件名为 C65N_C20_3P. ema；则 3D 图形宏的文件名为 C65N_C20_3P_3D. ema。

3）宏应该用宏项目创建和生成，便于修改和维护。

图 8-42　宏存放和管理

8.5　标准化实施后的交付物

经过标准化实施过程后，企业可以得到的交付物有《企业电气设计规范》和基础数据库文件包"DATA"文件夹，包括符号库、部件库、文档、图片、宏、图框、各种报表模板；另外还有扩展名为". zw9"基本模板项目文件，如图 8-43 所示。

图 8-43　电气设计规范

8.6　本章小结

本章主要介绍了有关于标准化的事宜，实际上，在企业做标准化的过程中，需要有大量的工作要做，本章给出了一些计划和建议，希望可以帮助有意愿的企业实现电气设计的标准化及企业数据的共享。对于企业来说，标准化设计平台的搭建，要比软件本身的学习和应用更重要，也可以立竿见影地看到专业电气设计软件在企业中所创造的价值。

参 考 文 献

[1] 国家市场监督管理总局. 工业系统、装置和设备以及工业产品　结构原则和参考标号　第 1 部分：基本规则（GB/T 5094.1—2018（IEC 81346））[S]. 北京：中国标准出版社，2018.

[2] 国家质量监督检验检疫总局. 电气工程 CAD 制图规则（GB/T 18135—2008）[S]. 北京：中国标准出版社，2008.

[3] 国家质量监督检验检疫总局. 电气技术用文件的编制　第 1 部分：规则（GB/T 6988.1—2008）[S]. 北京：中国标准出版社，2008.

[4] 国家市场监督管理总局. 电气简图用图形符号（GB/T 4728.1...5—2018（IEC 60617））[S]. 北京：中国标准出版社，2008.

[5] 国家质量监督检验检疫总局. 电气简图用图形符号（GB/T 4728.6...13—2008（IEC 60617））[S]. 北京：中国标准出版社，2008.